SAGGI

Danilo Mainardi

La bella zoologia

CAIRO EDITORE

Dello stesso autore,
nelle edizioni Cairo:

Nella mente degli animali

Il libro contiene 40 animali disegnati dall'autore

ISBN 978-88-6052-148-4

I EDIZIONE: MARZO 2008

LA BELLA ZOOLOGIA

... chi dietro a li uccellin sua vita perde...
DANTE ALIGHIERI

Sommario

PER COMINCIARE

Da Dante a Darwin: conoscere gli animali, bellezza e utilità

Il bel verso con cui apro questo saggio, «chi dietro a li uccellin sua vita perde», mi è sempre piaciuto perché descrive alla perfezione la categoria umana cui per mia fortuna appartengo. È infatti da quando ero bambino che, per ricalcare la frase dantesca, perdutamente spendo vita, pensieri e azioni, occupandomi di animali. Uccelli e non uccelli, professionalmente e non professionalmente. E, lo confesso, amo anche molto, sicuramente per affinità elettive, frequentare chi, in un modo o nell'altro, la pensa (la sente) come me.

È pertanto a loro, in prima istanza, che si rivolge questo libro. Non mi dispiacerebbe però fare anche un po' di proselitismo raggiungendo quelli che, in linea di massima, gli animali li ignorano. Per loro, mi pare, è come se il mondo, nella sua complessità, fosse solo quello umano. Il che non è assolutamente vero e, oltretutto, non sanno quel che si perdono. Credo così di far loro un bel regalo, se mai vorranno leggermi, aprendogli un po' gli occhi.

Convincendoli che esistono, oltre all'umana, altre vite e altre intelligenze non solo ricche di fascino ma, per tanti e differenti motivi, di cui alcuni anche pratici, meritevoli d'essere conosciute.

Sempre giocando con Dante ed estendendo un po' la citazione (che, per chi non lo sapesse, apre il canto XXIII del *Purgatorio*), è possibile fare un'altra piccola simpatica scoperta. Leggete questa terzina, poi ne parliamo:

Mentre che li occhi per la fronda verde
ficcava io sì come far suole
chi dietro a li uccellin sua vita perde...

L'avete notato? Queste poche bellissime righe descrivono, se concepite nell'ottica attuale, la gente che, beata lei, è solita praticare il bird-watching.

Mi sembra quasi di vederli i miei amici della LIPU e del WWF mentre, armati di binocolo, scrutano nel folto di un bosco, nel chiaro di una laguna, perfino nel cielo intorno al Pirellone di Milano o al veneziano campanile di San Marco sperando di scoprire pellegrini veleggianti, svassi corteggianti, ciuffolotti gorgheggianti. Tanta bella zoologia è disseminata dovunque intorno a noi, basta cercarla e la si trova.

Quella dei bird-watchers, a ogni modo, è solo una delle tante categorie di «curiosi di animali». Esistono, per dirne un'altra, quelli (i whale-watchers) che vanno per mare alla ricerca di balene, capodogli e delfini. Tutta gente che trae da quest'attività godimento, conoscenza, non raramente persino preziose informazioni scientifiche.

La multiforme categoria dei «watchers», infatti, può essere suddivisa non solo per la qualità sistematica degli animali osservati, ma anche per il livello di professionalità raggiunto. Eppure, e questo è il bello, tutti si divertono. I «watchers» sono tutti, perciò, in questo senso dilettanti. Alcuni però stanno, mentre si dilettano, anche seriamente lavorando. Sul campo, come si suole dire, fanno studi e scoperte di carattere zoologico, ecologico, etologico. Tanto per fare un esempio, le ritualizzazioni del corteggiamento degli svassi, tra le prime studiate, e poi quelle, affrontate comparativamente, delle differenti specie di anatre, hanno portato una luce importante sui meccanismi evolutivi per cui un comportamento in origine non comunicativo può trasformarsi in comunicazione. E di esempi così ce ne sono fin che si vuole.

La scienza va avanti anche perché c'è gente che si diverte a osservare anatre e oche con il cannocchiale.

Sempre a proposito della ritualizzazione, penso a quella degli anatidi e ai bellissimi disegni, così perfettamente descrittivi, di Konrad Lorenz. Quasi raccontasse, fotogramma dopo fotogramma, la pellicola d'un filmato naturalistico. E, vi assicuro, Konrad si divertiva moltissimo sia a osservare che a disegnare. D'altronde nessuno meglio di lui seppe spiegare l'importanza degli aspetti ludici intesi come molla e complemento d'ogni ricerca scientifica. C'è, al proposito, una sua eccellente testimonianza: «La stretta parentela che esiste tra gioco e indagine scientifica non mi venne mai così chiaramente sotto gli occhi come in quella felice estate in cui Niko Tinbergen era ad Altenberg e noi due giocavamo con quel comportamento dell'oca selvatica consistente nel fare rotolare le uova – comportamento sul quale scrivemmo poi un lavoro scientifico». L'estate, fondamentale per la storia dell'etologia, era quella del '38 e il lavoro, cioè quel gioco con l'oca e con le uova, risultò determinante per sviluppare l'idea moderna di istinto.

Anch'io studio e, a modo mio, disegno animali. E quando lo faccio mi sento bene. E mi diverto. Mi piace scoprire come la mia mano, tratteggiando in modo decisamente non naturalistico, riesca ugualmente a evocare lo specifico delle differenti entità selvatiche oppure la personale identità dei singoli individui domestici. Quando ci riesce, naturalmente.

Insomma, ciò che con questo libro desidero spiegare è, semplicemente, che la zoologia è una disciplina bellissima, che tanto può regalarci sia di conoscenza che di gioia di vivere. Che può liberamente spaziare dalla cultura scientifica a quella umanistica. E dato che, in modo credo proprio inconsueto almeno per uno zoologo, sono partito nientemeno che da Dante, seguite questo mio piccolo consiglio: andate a leggervi, se vi incuriosisce, soprattutto se vi interessa, l'uso allegorico che il Poeta faceva delle varie specie ornitiche, il gradevole saggio di Valerio Zanone intitolato *L'ali alzate. Viaggio nell'ornitologia dantesca* (Edizioni dell'Altana, Roma 2004).

E con Dante, ho finalmente terminato (ma sapete com'è con le manie). Torniamo dunque allo scopo che mi sono prefisso: questo saggio, proprio per raccontarvi della bellezza e dell'utilità della zoologia, vi proporrà un florilegio di temi e di casi. Tratterò dell'istinto e dell'intelligenza, racconterò storie peculiari di singole specie, discuterò d'evoluzione e adattamenti e, infine, del rapporto spesso sofferto della nostra specie con le altre. Tutti argomenti, a mio parere, di grande rilevanza.

Mi resta infine da dire che, pur avendo suddiviso il libro in quattro parti, fatalmente (lo scoprirete presto) tra esse non ci saranno confini veramente netti, assoluti. In zoologia, infatti, tutto si lega, o meglio si collega. *Natura*, si diceva una volta, *non facit saltus*, e ciò con buona pace dei moderni saltazionisti che, pazienza, scandalizzati faranno un saltino in più. Io, a ogni modo, credo che sia proprio così come si diceva una volta. Quanto ai saltazionisti, che probabilmente molti di voi non hanno mai sentito nominare, scoprirete chi sono e cosa grosso modo pensano quando più avanti parlerò di evoluzione.

PRIMA PARTE

Gli animali sono intelligenti

Avevo appena terminato la stesura del mio libro precedente, *Nella mente degli animali*, quando – me lo ricordo bene – mi sentii qualcosa dentro. Qualcosa di vagamente fastidioso. Un «roseghino», dicono dalle mie parti. Il fatto è che mi sentivo in obbligo con qualcuno, con un essere molto ma molto speciale. Ero, sorprendentemente, in debito con un moscone.

Stranissima idea, strana sensazione. Eppure per me era davvero un atto dovuto dedicare il libro a quell'insetto da tutti, apparentemente perfino da me, vituperato.

Così scrissi: «La mente è un optional. Dedico questo libro a un moscone. Non possiede una mente. Non sa fare il detour. Nessuno mai gli darà un nome proprio. Sta però al mondo egregiamente perché nei geni ha scritta tutta la sapienza che gli serve. Si può vivere, pertanto, anche senza una mente».

Anche se l'obbligo nei confronti di un moscone può sembrare puramente un vezzo, non è così, ve l'assicuro. Il fatto è che, in tutto il libro, non avevo fatto altro che usare quell'innocente insetto, proprio perché sprovvisto di una mente, come l'esempio in negativo per eccellenza.

Pertanto la dedica, pensavo, avrebbe potuto in qualche modo servire a rendergli giustizia. C'era però, scoprii, qualcosa di concreto, forse addirittura d'importante in quanto avevo scritto, perché la dedica asseriva che anche un animale esemplarmente sprovvisto di qualsiasi individuale raziocinio può stare benissimo al mondo. E chissà, forse meglio di tanti altri.

Così, quelle poche righe in realtà altro non fecero che anticipare il ragionamento centrale di questa mia nuova opera. Un ragionamento sull'essenzialità per la sopravvivenza di un'altra raffinata sapienza, ma potrei anche dire intelligenza, insita negli istinti. Questi infatti, se già non lo sapete lo scoprirete, altro non sono, in parole povere, che le «istruzioni per sopravvivere» che le specie possiedono avendole accumulate nel corso della loro storia evolutiva. Sapienza innata e garantita in quanto «collaudata sul campo», meglio d'ogni altra, dalla selezione naturale.

La mia intenzione, ora, è appunto quella di affrontare a tutto campo, e cioè nell'interezza dei suoi determinismi, il comportamento animale. Nella rassegna di casi che seguirà, pertanto, verranno esemplificati i casi più diversi, alcuni ormai classici, altri nuovissimi, appena scoperti. Casi comunque, almeno spero, capaci di far luce su tutto il ventaglio delle differenti intelligenze che l'evoluzione ha prodotto nella sua lunga storia. E, altrettanto importante, di illuminarne i limiti.

Le falene anti-pipistrelli

Comincio rispolverando una storia vecchia e divertente, utile assai per ragionare sul campo degli istinti, la sapienza della specie. Andrò oltre però, perché questa che ho rispolverata è davvero, vedrete, una storia a tutto campo, che ci parlerà anche di apprendimenti e di cultura.

Partiamo da lontano. Ecco dunque la vecchia storia.

È sì vero che le scoperte spesso si fanno per caso ma, come ebbe a dire una volta Pasteur, «si tratta di quel caso che solo gli spiriti più preparati sono in grado di cogliere». Frase, tra l'altro, che usava spesso ripertermi, a titolo di insegnamento, il mio vecchio maestro, lo zoologo Bruno Schreiber, cui devo moltissimo.

Ed è stata proprio questa frase a farmi pensare alla scoperta – ultimo atto d'una storia che s'è diluita nei secoli – avvenuta, durante una notturna bicchierata all'aperto, da parte di un gruppo di etologi. Furono loro, infatti, gli «spiriti eletti».

La scena, di per sé, è consueta. Immaginiamoli: stanno in piedi, ciascuno col suo bicchiere in mano, ridendo e scherzando rilassati. Farfalline notturne, attratte dalla luce, svolazzano intorno.

Gli etologi, come s'è detto, sono allegri. Ridono e giocano, tra l'altro, a trarre suoni dai bicchieri, passando il polpastrello sopra l'orlo. Ed è così che scoprono la strana associazione: le vibrazioni hanno (o almeno sembra che abbiano) l'effetto di far precipitare al suono le falene. E, naturalmente, intuiscono tutto. Immaginano cioè la possibile funzione di quello strano comportamento.

È istruttivo però, a questo punto, tornare al primissimo atto della lunghissima storia.

Flash-back: Pavia 1793. L'abate Giacomo Spallanzani, professore di zoologia, sta facendo un'importante scoperta. Il suo scopo è di confutare la credenza degli animali nictalopi, cioè capaci di distinguere visivamente gli oggetti nel buio più totale. Ha già dimostrato che ai rapaci notturni occorre un minimo di luce per poter predare. Poi sta provando coi pipistrelli ma, al contrario, questi sembrano proprio dargli torto. Infatti volano e schivano gli ostacoli nel buio più assoluto.

L'abate però non demorde. Gli esperimenti li fa nel solaio della sua casa: fa pendere funi dal soffitto e non lavora più al buio. E, siccome non va tanto per il sottile, non ci pensa due volte e acceca i poveri chirotteri (i loro corpicini mummificati, insieme con l'armamentario di funi, vennero poi ritrovati). E, nonostante quella crudeltà, ugualmente li vede volare sicuri. Non solo, li vede schivare le funi, non sbattere contro pareti e soffitto.

Non sono gli occhi, sospetta allora, che li guidano. Così l'esperimento seguente è l'otturazione, con cera, dei fori auricolari. E questa volta i pipistrelli non se la cavano più. Conclusione piuttosto scontata, anche se accolta in verità con scetticismo: i pipistrelli devono per forza orientarsi con le orecchie.

E Spallanzani, risultò, aveva ragione. Occorrerà però ben più di un secolo perché i due zoologi Donald Griffin e Robert Galambos, insieme col fisico Pierce, dimostrino che i pipistrelli navigano scandagliando l'ambiente con ultrasuoni che essi stessi emettono.

Una sorta di radar, insomma, o meglio di sonar. L'eco che ricevono di ritorno li istruisce infatti sulla presenza e sulla qualità degli ostacoli. Se sentono l'ombra (acustica) di una farfallina si tuffano per catturarla, se invece percepiscono quella di un filo (come nell'antico esperimento di Spallanzani), deviano schivando abilmente.

Una brutta faccenda, dunque, per le falene. Ma, sappiamo,

la natura s'evolve adattandosi. In questo caso, per la precisione, possiamo dire di essere in presenza d'un caso di coevoluzione. Quando a far la parte della selezione naturale sono esseri armati d'ultrasuoni, ecco allora pian piano affermarsi, nelle possibili prede, la corretta difesa per sopravvivere. Quella che, appunto, ho definito «la sapienza, o l'intelligenza, della specie».

Come ha poi spiegato Kenneth Roeder (uno di quegli «spiriti preparati») alcune specie di falene, probabilmente quelle più bersagliate, hanno messo a punto organi di senso che percepiscono specificamente gli ultrasuoni dei loro predatori. Poi, al primo contatto ultrasonoro, modificano la loro traiettoria. Li disorientano imbastendo strani voli a spirale, o a zig zag. Se, nonostante ciò, continuano a essere perseguitate perché anche i pipistrelli, per coevoluzione, si sono anche loro perfezionati, chiudono le ali e piombano giù, a precipizio, come fossero sassi. Fino a toccare il suolo. Esattamente come le videro, una notte d'estate di tanto tempo fa, quegli etologi che giocavano – l'onnipresente lato ludico d'ogni ricerca scientifica – a produrre suoni e ultrasuoni coi loro bicchieri.

Volendo, la storia potrebbe finire qui. Vale però la pena sottolineare il profondo significato del concetto di «spiriti preparati». In esso infatti non si nasconde solo un'indubbia intelligenza, ma, e soprattutto, il fatto che quegli etologi conoscevano, per trasmissione culturale, tutti gli avvenimenti antecedenti. Tutta qui sta la forza e, come cercherò di dimostrare, anche la debolezza, d'una specie come la nostra.

Traditi dall'istinto: due storie esemplari

A quanti di noi sarà mai inconsapevolmente capitato? Nel sole, nei campi, durante una passeggiata... notiamo un sasso, magari un bel ciottolo che si distingue per il suo colore, per una venatura o per la forma strana. Lo raccogliamo, lo guardiamo, lo facciamo vedere (guarda come è bello) e poi, dopo averci giocherellato per un po', lo gettiamo. Ebbene, chi mi sta leggendo non potrà più, sospetto, lanciare un sasso così, come un'azione senza senso, senza un perché. Almeno se a lanciarlo è un vero «amico degli animali». Proprio di tutti, però. Oppure, se lo farà, il lancio sarà accompagnato da un lampo maligno, perché, dopo avermi letto, il lanciatore saprà che la sua azione, non più priva di senso, potrebbe innescare ciò che è stato chiamato, con una certa dose di fantasia, il «suicidio delle zecche».

Le zecche, lo sapete, sono quei piccoli terribili animaletti (per l'esattezza artropodi chelicerati, parenti stretti degli acari) che ogni tanto troviamo appiccicati, rigonfi di sangue, ai nostri cani. Per la verità sono soltanto le femmine che necessitano di una bella bevuta di sangue prima di deporre le uova, ed è proprio per questo che se ne stanno lungamente, dopo l'accoppiamento, su un ramo, oppure su un filo d'erba, in attesa che passi di lì una possibile vittima. Lo stimolo che fa scattare il piccolo ematofago è uno solo: l'odore dell'acido butirrico, caratteristico «odore animale» che anche noi certamente avremo lasciato sul sasso, avendolo tenuto per un po' nella nostra mano. Così può darsi che una zecca, ingannata, gli si butti sopra.

Il sasso finta-vittima, però, porta con sé anche un altro e susseguente segnale, innescante, questa volta, la totale rovina di quella zecca sfortunata. Sentendolo tiepido, infatti, vi sbatterà con forza contro il suo apparato succhiatore, rimanendo stecchita.

Con la zecca ho finito; prima però di trarre conclusioni sul suo «tradimento dell'istinto» voglio raccontarvi una storia per certi versi simile, anche se questa volta originata da una ben più raffinata e calcolata malignità.

Il protagonista dell'altro «tradimento» è un insetto, la formica. Di questo si tratta: come una formica muore, istintivamente viene raccolta dalle sue compagne, trasportata a un cumulo funebre che sta presso il formicaio e là subito seppellita.

Cosa innesca questo comportamento così mirato e saggio? Per saperlo non c'era che da analizzare i vari segnali emessi dal cadavere e poi saggiarli uno alla volta, magari applicandoli a una formica che morta non era. E proprio così s'è fatto, e finalmente s'è trovato un acido grasso che è stato, per i suoi effetti, chiamato appunto «la sostanza della morte».

Ecco dunque l'esperimento: si prende una formica viva, la si sporca con quella macabra sostanza e poi la si libera nei pressi del suo formicaio. Basta un attimo ed ecco subito accorrere, diligenti al massimo come sempre le formiche sanno essere, alcune operaie che la catturano, la trasportano, la seppelliscono. E se quella si dibatte e si dispera? Niente da fare: poche storie, tu sei morta e basta!

La morta-viva scappa allora dal cumulo, tenta d'andarsene, ma è tutto inutile. Verrà ancora presa, ancora sepolta e non vi sarà tregua fino a quando il suo chimico vestito di morte non sarà completamente svanito.

L'avrete così capito qual è il problema della sapienza istintiva. È che c'è anche quell'altra, quella dell'esperienza individuale oppure della cultura. Insomma d'ogni tipo d'apprendimento, perché i tempi dell'evoluzione biologica e di quella culturale sono sempre incommensurabilmente diversi. L'esperienza individuale e la cultura possono produrre innovazioni troppo rapidamente perché gli adattamenti d'origine strettamente biologica possano tenere il passo.

Insomma, per tornare ai nostri esempi, quelle formiche e

quelle zecche si sono trovate nei guai nel momento in cui il più culturale degli esseri, quello più svincolato dalla rigidità e dal conservatorismo dei moduli istintivi, ha inopinatamente attraversato la loro strada. E ciò perché, per entrare nel merito, né il lanciar sassi né il regalare profumi di morte erano contemplati come effettive e reali possibilità per quegli invertebrati. Non erano cioè, nell'ottica delle probabilità e vedendo le cose a posteriori, come noi possiamo permetterci di fare, «filogeneticamente prevedibili». Erano soltanto colpi di genio del momento, invenzioni pressoché inimmaginabili di individui pazzerelli, o se volete creativi, che tanto per far qualcosa lanciavano sassi oppure che, ancor più bizzarramente, spruzzavano formiche col feromone mortuario.

Canti in play-back

Bel gioco il play-back, dà soddisfazione. E poi è utile per comprendere il linguaggio di molti animali. In qualche caso, per intuire la loro sottile psicologia, in qualche altro per conoscere la base istintiva dei comportamenti. Infine, come applicazione pratica, per fare censimenti.

È, in ogni caso, una tecnica semplice. Consiste nel ritrasmettere una vocalizzazione prima registrata. Così se, dove avviene la trasmissione, c'è qualcuno di quella specie, questo risponde e, siccome lo fa, guidato più o meno dall'istinto, sensatamente, il suo comportamento rende possibile la comprensione del contenuto del messaggio trasmesso.

Prendiamo un caso facile e spettacolare: quello dell'allocco, il fiero rapace notturno che popola i nostri boschi. La sua più frequente espressione vocale è il canto territoriale del maschio, che s'alza di notte d'inverno e in primavera. Mi servo, per de-

scriverlo con segni scritti, di due sole lettere dell'alfabeto, di cui una, tra l'altro, muta. È un suono trisillabico che fa all'incirca così: «huuuh-hu-huuuuuuuuuh».

Chiaro? A ogni modo, se avete dubbi, non vi resta che giocare anche voi con il play-back. Con l'allocco non si fallisce quasi mai. Ecco cosa scrivono Sandro Lovari e Antonio Rolando nella loro *Guida allo studio degli animali in natura* (Bollati Boringhieri, Torino 2004): «Una delle specie più reattive è l'allocco *Strix aluco*. Le prove di play-back con questo aggressivo e coraggioso rapace sono quasi sempre coronate da successo, e sono spesso delle esperienze indimenticabili. Il ricercatore deve scegliere il periodo di maggiore attività canora, che è quello invernale, uscire di notte nei boschi frequentati dove, senza troppe alchimie sperimentali, diffonderà nel silenzio notturno il lugubre canto registrato del rapace. Il maschio territoriale più vicino risponderà subito e, se particolarmente reattivo (ogni allocco, come ogni essere umano, ha il suo carattere), si avvicinerà rapidamente, fermandosi minaccioso a pochi metri dal registratore».

Volete mettere la soddisfazione: sparate un messaggio e il destinatario, ingannato dal vostro marchingegno, viene lì a pochi metri, bello e arrabbiato, pronto a far baruffa. Perché un maschio d'allocco non può tollerare che un estraneo si installi nel suo territorio riproduttivo. È così che funziona.

Ho raccontato un esperimento facile e insieme spettacolare,

ma il play-back, talora, regala informazioni più sottili. Per parlarne cambierò classe, da uccelli a pesci. Lungo la barriera corallina di fronte alla Florida vive un pesciolino detto *Pomacentrus partitus*. Ogni maschio occupa un suo piccolo territorio impedendo a ogni altro perfino di tentare una rapida intrusione. I territori sono vicini e i maschi emettono brevi suoni che, data la funzione, possono dirsi analoghi a quelli territoriali degli uccelli. Del nostro allocco, tanto per dire.

Un mio caro amico, Arthur Myrberg di Miami, tempo fa si chiese se anche i pesci sono capaci di riconoscimento individuale. Registrò i suoni che i maschi d'una comunità di territori emettevano e scoprì che ognuno emetteva un suo suono ben riconoscibile. Poi trasmise, a maschi territoriali, i suoni di vicini di territorio oppure di individui totalmente estranei. Ebbene, i pesciolini rispondevano in modo più aggressivo ai suoni degli estranei che non a quelli dei vicini. Sapevano pertanto distinguerli.

Inoltre, in quell'osservazione si nascondeva dell'altro: il fenomeno detto del «caro nemico», ben noto per gli uccelli, ma che si manifesta anche in certi pesci. Di che si tratta l'avrete già capito: la reazione aggressiva del proprietario di un territorio è maggiore se chi s'avvicina è uno sconosciuto, minore se è il proprietario di un territorio contiguo. I vicini turbano meno degli estranei. Anche loro sono nemici ma, tutto sommato, cari.

Quanto alla lezione che l'esercizio del play-back ci regala a proposito della qualità delle sapienze coinvolte, si potrebbe dire così: la risposta, nella sua essenza e nella sua espressione generale, appartiene alla sapienza della specie, mentre la sua calibratura, e cioè il rispondere con maggiore o minore vigoria, risiede tutta nella sapienza degli individui. Perché gli amici, così come i nemici, si tratti di uccelli oppure di pesci, sono sempre una faccenda individuale.

La faccia dice tutto?

Da quando Lorenz scoprì i segnali infantili sappiamo perché certe razze di animali domestici, in particolare quelle canine, ci fanno tenerezza e altre invece ci incutono timore. Mi ricordo che, tanti anni fa, con un paio di operatori televisivi facemmo questo semplice esperimento: a un'uscita della metropolitana piazzammo una persona con un bobtail al guinzaglio, a un'altra una persona che, invece, teneva al guinzaglio un doberman. Poi filmammo il comportamento delle persone che uscivano. Ebbene, mentre il bobtail attraeva la gente e molti erano quelli che s'attardavano ad accarezzarlo, il doberman veniva invece scansato da tutti.

Il fatto è che il bobtail è caratterizzato da cospicui segnali infantili, come le orecchie in giù, gli occhioni rotondi, la fronte alta e bombata, il muso piuttosto raccorciato, per non parlare del corpo tozzo e peloso, che lo fanno quasi sembrare un grosso orsacchiotto di peluche; il doberman invece aveva (ora per fortuna non gliele tagliano più) orecchie ritte e appuntite, muso lungo e severi occhi a mandorla. I tipici caratteri del lupo adulto. E la gente istintivamente (proprio così) percepiva questi segnali e si comportava di conseguenza.

Le razze, soprattutto quelle canine, ben lo sappiamo, sono state selezionate per tanti scopi diversi, che vanno dalla compagnia al combattimento. Così in alcune si sono accumulati quei segnali che caratterizzano i cuccioli e che ci attraggono, mentre in altre ogni infantilismo è stato geneticamente eliminato o, come nel doberman, chirurgicamente corretto.

Ciò farebbe pensare che nei cani la faccia dica tutto, eppure non è proprio così, perché poi sappiamo dell'esistenza di pitbul buonissimi e, al contrario, di cocker, maltesi, perfino golden retriever (il che è tutto dire) che non fanno che aggredire e mordere chiunque. Tanti sono infatti i fattori che determinano una maggiore o minore aggressività dei nostri cani. Fattori di ordine genetico ma anche, e forse soprattutto, esperienziali. Di ciò ho estesamente parlato nel mio libro precedente *Nella mente degli animali*.

Ora però sentite questa storia moderna, una storia che sarebbe piaciuta a un famoso professore torinese di tanto tempo fa, quel Cesare Lombroso che pensava che, attraverso la lettura dei tratti facciali umani, si potesse stabilire il carattere, fino alla tendenza a delinquere. Quel professore, ora lo sappiamo, si sbagliava, ed è meglio così. Se, però, quello studioso avesse rivolto la sua attenzione su certe altre specialissime specie, invece che sulla nostra, avrebbe raccolto ben altre soddisfazioni. C'è infatti, sull'argomento, un'interessante ricerca compiuta da due etologi americani, Elisabeth Tibbetts e James Dale, rispettivamente dell'Università Cornell (USA) e della Simon Fraser di Burnaby (Canada). I protagonisti animali della ricerca sono vespe, quei *Polistes dominulus* che troviamo anche da noi e che spesso vengono detti vespe cartonaie perché si costruiscono un nido di forma floreale (il materiale è cellulosa) provvisto di un picciolo con cui viene saldato a una pianta, una tegola, un muro.

Per venire al dunque: quelle vespe presentano la parte frontale del capo, denominata clipeo, provvista di un numero variabile di macchie nere. Si va da clipei fitti di macchie, cioè quasi neri, a clipei che ne sono praticamente sprovvisti, dunque totalmente gialli. La cosa interessante è che la quantità di macchie può venire considerata come una indicazione di stato sociale (*status badge*). Chi ha più macchie, in pratica, di norma assume una posizione preminente nella piccola gerarchia di femmine che collaborano nel costruire il nido e, soprattutto, nel riprodursi. Tra le tre o quattro vespe che mettono su la loro piccola colonia una sola ricopre il ruolo di dominante, mentre le altre divengono in vario grado subordinate. La femmina più aggressiva è l'alfa della gerarchia (la regina) ed è lei che depone più uova; le altre si adattano a fare lavori da operaie, escono spesso dal nido per raccogliere cibo o materiali da costruzione e, soprattutto, riducono sempre più la loro quota di uova deposte.

C'è da dire, prima di continuare la storia delle vespe, che anche altri animali possiedono segnali visivi, ugualmente funzionanti, di stato sociale. Cito per esempio la variabile banda nera che mostrano sul petto le cinciallegre, oppure le altrettanto variabili mascherine scure degli zigoli di Harris (*Zonotrichia querula*) o le strisce e le macchie ocellari di tanti pesci.

Tornando alle caratteristiche delle vespe, gli etologi hanno potuto dimostrare che in generale i loro segnali di stato sono «onesti», nel senso che, effettivamente, al gran numero di macchie corrispondono adeguate caratteristiche fisiche e comportamentali. Risulta pertanto facile capire come la loro presenza abbia una funzione facilitante l'assestamento sociale, facendo risparmiare ai vari individui combattimenti praticamente inutili in quanto dall'esito totalmente prevedibile.

Ma che succede, si sono chiesti i due autori, se qualche individuo indossa segnali «disonesti»? Hanno allora dipinto, su vespe dal clipeo immacolato, differenti quantità di macchie, e hanno così potuto dimostrare come quell'inconsapevole «disonestà» venga, in quanto scatenante reazioni aggressive, subito colta e punita. Può, questo esperimento, farci comprendere come sia avvenuto, evolutivamente, l'abbinamento tra segnali facciali e temperamento (chiamiamolo, lombrosianamente, così) delle api cartonaie. Chi porta il segnale «disonesto», infatti, viene punito in termini di selezione naturale.

Se il numero e la dimensione delle macchie facciali indicano la potenzialità aggressiva delle vespe, la loro precisa distribuzione sul clipeo risulta essere un segnale di parentela. In altre parole, vespe sorelle o cugine s'assomigliano, per questo carattere, più di vespe tra loro totalmente estranee. Tale facilmente leggibile indicazione di parentela è importante nella costituzione delle piccole gerarchie femminili. Se infatti una femmina di rango inferiore sceglie di collaborare con un'alfa che le è parente stretta, può compensare il fatto di fare pochi figli col compiere atti altruistici nei confronti di individui (i figli dell'alfa) che condividono con lei numerosi geni. Per dirla in termini sociobiologici, così facendo incrementa la sua «fitness globale», ovvero la sua effettiva capacità di tramandare la sua informazione genetica alle future generazioni.

I meccanismi della socialità delle vespe sono, come si vede, complessi e raffinati. Mi è grato ricordare, concludendo, che il primo che descrisse le gerarchie delle vespe *Polistes* fu uno dei fondatori dell'etologia italiana, Leo Pardi.

Conflitto di interessi sessuali

Si dice che la madre è sempre certa. Quanto al padre, invece... non si sa mai. E le moderne analisi del Dna, purtroppo (se si parla della nostra specie), confermano il detto. La faccenda, però, non è soltanto umana, anche se il purtroppo, per motivi etici, riguarda solo noi. A spingermi a trattare del caso sempre spinoso «delle corna» è la scoperta che i cigni, nello specifico quelli neri australiani, rientrano di buon diritto nell'argomento. Gli zoologi dell'Università di Melbourne hanno infatti scoperto in questa specie, facendo test di paternità, numerosi figli illegittimi, frutto di «segreti convegni extraconiugali».

Com'è possibile, si sono chiesti un po' tutti, dato che i cigni, bianchi o neri che siano, sono un simbolo della fedeltà coniuga-

le? E allora sarà bene, innanzitutto, lasciar perdere i simboli. Gli animali, se mi passate la terminologia non proprio raffinata, dei simboli se ne fregano altamente. Spazzata così via la faccenda simbolica, nonché quella etica, cerchiamo di leggere correttamente il caso di questi fedifraghi (e chissà di quanti altri ancora). I cigni, come è noto, sono monogami. Il legame esclusivo tra un maschio e una femmina e la partecipazione maschile alle cure parentali sono essenziali perché la prole cresca bene. Come in tutti gli altri casi di monogamia la femmina da sola non ce la farebbe. Si può pertanto dire che il patto che coniugalmente li lega è conveniente per ambedue i sessi. Ciò non di meno si nasconde, all'interno d'ogni coppia, un conflitto d'interessi. Perché, se è vero che il patto monogamico funziona bene, è altrettanto vero che potrebbe funzionare meglio ancora. E il miglioramento discende dall'infedeltà.

Chiediamoci pertanto che ci guadagna la femmina a tradire il suo coniuge. Semplice: produce figli tra loro geneticamente «più diversi» che se avessero un unico padre. Un vantaggio sicuro, perché tanti più «modelli genetici» vengono sottoposti al vaglio della selezione naturale, tanto maggiore è la probabilità che qualcuno funzioni. La diversità genetica, non scordiamolo, di norma conviene.

Quanto al maschio, che ci guadagna? Certo niente a venir cornificato. È però evidente che se, mentre sua moglie è impegnata in segreti convegni, lui fa altrettanto con la moglie d'un altro, il discorso cambia, perché anche la *sua* progenie diviene più variabile. Così non solo si pareggia il conto ma, più importante, la monogamia rallegrata (si fa per dire) dai tradimenti funziona meglio di quella assoluta.

Un dato certo è che tra i membri di ogni coppia esistono (anche) interessi contrastanti. C'è sì quello comune che induce alla monogamia, ma c'è anche quello dei singoli individui che, contrariamente, spinge al tradimento. E ciò riguarda anche altri sistemi riproduttivi. Ho, al proposito, ancora negli occhi lo straordinario filmato di un appuntamento clandestino tra uno scimpanzé maschio, Zouly, e una femmina di cui, mi spiace, non ricordo il nome. Giambo, il maschio predominante e coniuge ufficiale, è lontano e non s'accorge di niente ma, come sempre, esistono le spie. Li sorprende «in atteggiamento inequivocabile» e scoppia il finimondo, con gli altri scimpanzé che assistono terrorizzati. Finché la chiassata finisce. Scopriamo allora un Giambo seduto in disparte, torvo, lo sguardo a terra, mentre Zouly s'avvicina tremante e contrito.

Ha un'aria timorosa e tenta un contatto (una spulciatina). Giambo non reagisce e il suo starsene fermo rappresenta l'accettazione delle scuse. Un capo dev'essere così: terribile ma, in definitiva, magnanimo coi rivali sconfitti e pentiti.

Cigni e scimpanzé, pertanto. Monogamia nel primo caso e quella speciale forma di poligamia che gli zoologi chiamano poliginia, che poi vorrebbe dire un maschio che sta insieme a un gruppo di femmine, nel secondo. Ma non è questo il punto che fa la differenza, o almeno il punto principale. A fare la differenza, almeno per quanto ci interessa, è che tutta la storia del cigno naviga al di fuori di ogni consapevolezza, persino, forse, di ogni forma di apprendimento. Per lo scimpanzé, invece, non è così. Lui, Giambo, è consapevole: sa quello che deve fare, e lo stesso Zouly e la femmina che per mia colpa è risultata anonima. La differenza, in fin dei conti, tra cigni e scimpanzé è «una questione di testa», come di solito si dice. E chissà, forse è per questo che c'è chi pensa che, quando saltan fuori certi comportamenti, probabilmente sotto sotto fa capolino il senso di colpa. Il che vorrebbe dire che questo vago senso non sarebbe soltanto «cosa nostra». C'è chi lo pensa, ho detto, ma rimane comunque difficile provarlo, perché talora quel vago senso assomiglia assai alla paura di un castigo. Il che, ovviamente, non è la stessa cosa.

Lo spinarello: ti amo, poi ti odio… come nella canzone

Ti amo, poi ti odio, poi ti amo… cantava Mina. Bella canzone, la conoscono tutti. Perfino io, che ho un motivo speciale per parlarne. Un ricordo di quando, tanto tempo fa, ero studente, precisamente un allievo interno in quello che allora si chiamava «istituto di zoologia». Il ricordo è questo. Un'immagine precisa, come fosse ieri.

Gli spinarelli navigavano a mezz'acqua nel vecchio acquario di fronte alla finestra. Raggi di sole trafiggevano l'acqua vagamente torbida con lame di luce gialla. I pesciolini si muovevano a scatti attraversando rapidi gli spazi luminosi.

Era stato il prof a volerli. Aveva detto: «L'osservazione d'un comportamento vale più di mille trattati». E aveva spiegato che gli spinarelli, per gli etologi, sono stati come le drosofile per i genetisti.

I pesciolini di Niko Tinbergen, quelli che gli dettero così tante dritte sul comportamento conflittuale...

Andò a finire che in primavera ne pescammo alcuni e poi li sistemammo in quel grande acquario. Me lo ricordo ancora, me li ricordo ancora. E con un po' di nostalgia.

Furono, da allora e per un lungo periodo, stimolo e giustificazione della nostra ricorrente pigrizia. Eravamo stanchi o annoiati di battere i tasti della macchina da scrivere, di scrutare grafici? Avevamo fatto il pieno di gente pennuta? (Ci occupavamo di colombi viaggiatori, allora.) Ebbene, c'erano loro e, seduti di fronte all'acquario, leggevamo dal vivo qualche frammento d'un etogramma storico.

Quando li pescammo iniziava il periodo della riproduzione.

Se d'inverno i maschi vivono in banchi, con la bella stagione i maschi si separano per iniziare la costruzione del nido.

Ricordo bene. L'acquario dov'erano quegli otto che eravamo riusciti a pescare, tre maschi e cinque femmine, aveva dimensioni tali da consentire l'instaurarsi di un solo territorio. Così il più aggressivo, segregati in un angolo gli altri due, aveva assunto i colori nuziali: dorso verde argentato, ventre rosso vivo, occhi azzurri luminosi. Era davvero una bellezza, un piccolo pavone. Gli sconfitti mantennero invece il colore argenteo.

La costruzione del nido, un tunnel vegetale, gli richiese tre giorni. Nel frattempo, saggiamente, decidemmo di rimettere gli altri maschi, con tre delle femmine, esattamente dove li avevamo pescati.

Terminato il suo lavoro, il maschio iniziò la danza che ogni spinarello mette in scena se una femmina gli si avvicina. Il rito –

questa fu la scoperta di Tinbergen – deriva dal conflitto di due motivazioni: l'una aggressiva, rivolta verso ogni essere che valica i confini del territorio, l'altra sessuale, tendente a spingere la femmina nel nido. Si chiama, infatti, «danza a zig zag», e dovreste vedere come funziona. Ogni femmina entra nel territorio e il maschio, zigzagando, l'accompagna al nido; si fa poi da parte ed è lei che per prima entra nel tunnel. Standole appresso il maschio la spinge e la femmina, forzando la parete terminale, la sfonda ed esce. Attraversando il nido depone le uova. Il maschio nel seguirla le feconda.

Mi fermo qui perché è inutile che racconti tutto il comportamento di quei pesciolini. È il rito conflittuale il punto interessante, perché è allora che il pesciolino ricalca a suo modo la canzone di Mina.

Ti amo, poi ti odio, poi ti amo... fa la cantante. Zig, zag, zig... fa il pesciolino. Sarà lo stesso il contenuto? Sembrerebbe proprio di sì. A ogni modo, nel vecchio istituto di zoologia, tentavamo azzardati raffronti. Chiacchiere così, gratuite. La conflittualità, dicevamo, anche per noi è la madre di ogni contraddittorietà.

Ricordo un mio commento: «Prof, l'analogia potrebbe anche funzionare... però non so, per la nostra specie non sarà tutto un po' troppo... come dire, automatico?».

«Rimane il fatto» mi rispose il prof «che le pulsioni si fanno sentire anche in noi umani. Diciamo che sono più celate. Sono come uno scheletro e intorno c'è tanta polpa. La storia culturale, le esperienze vissute, i sensi di colpa... Anche per noi è comunque difficile, te l'assicuro, opporsi a forti motivazioni, se vengono dal profondo. Pensa alle pazzie che può combinare un essere umano quando è, come appunto si dice, follemente innamorato.»

Cure paterne

A proposito di cure paterne voglio prenderla davvero alla lontana. L'idea è quella, alla fine, di proporvi qualche considerazione sull'evoluzione biologica e culturale della nostra e delle altre specie.

La parola da cui mi diverte partire è, pensate un po', nientemeno che *parthénos*, che in greco significa vergine. Il Partenone, per la cronaca, viene infatti giù di lì, essendo dedicato ad *Athena parthénos*. Dato però che è soprattutto la biologia che ci interessa, troviamo – stessa etimologia, stessa partenza – la partenogenesi, fenomeno biologico decisamente interessante. È infatti una forma di riproduzione senza contributo maschile. È sufficiente, nel caso, la femmina, ed è per questa via che si riproducono parecchie specie di invertebrati, nonché alcune di pesci, anfibi e rettili. La prima conclusione, pertanto, potrebbe essere questa: nella natura il maschio altro non è che un optional, seppure di successo. Niente di strano: con gli optional succede.

Vediamo, ora, di capire perché, seppure non sempre indispensabile, il maschio tuttavia, nella storia della vita, ha avuto un così notevole successo. Il motivo, sostanzialmente, è questo: tramite la sua fecondazione l'informazione genetica, che in questo caso è metà di origine femminile e metà di origine maschile, si mescola e si combina in vario modo fabbricando così quella variabilità tra gli individui indispensabile perché la selezione naturale possa agire presto e bene. E ciò facilita i processi evolutivi e di adattamento.

Fin qui per quanto riguarda il successo maschile, ma parliamo ora, in modo mirato, delle cure paterne che, ben lo sappiamo, possono esserci oppure no. E, se ci sono, possono esprimersi con una casistica davvero variegata. Già avrei potuto dirvi dello spinarello, che è davvero un buon papà, ma esistono maschi, come quello del cavalluccio marino, che fanno veramente tutto loro, compresa perfino l'incubazione delle uova in un marsupio. E lo chiamo così perché davvero ricorda la tasca che caratterizza le femmine dei canguri. Si può pertanto assistere a una sorta di pseudo-parto maschile, con tanti piccoli cavallucci che vengono espulsi tutti insieme. Le femmine, invece, non hanno alcun ruolo parentale.

Ci sono poi i colombi e le tortore, che si suddividono ogni cura, perfino il cosiddetto allattamento. I colombidi infatti, forse non tutti lo sanno, producono nel gozzo una specie di colostro e allattano quasi fossero mammiferi. Ed esistono specie, come gli sciacalli dalla gualdrappa e le ghiandaie della Florida, in cui perfino gli zii scapoli danno una mano a tirar su la prole. Per finire, dall'altra parte della barricata, con quei maschi che, come il pavone, il leone marino e tantissimi altri, di parentale non fanno proprio nulla.

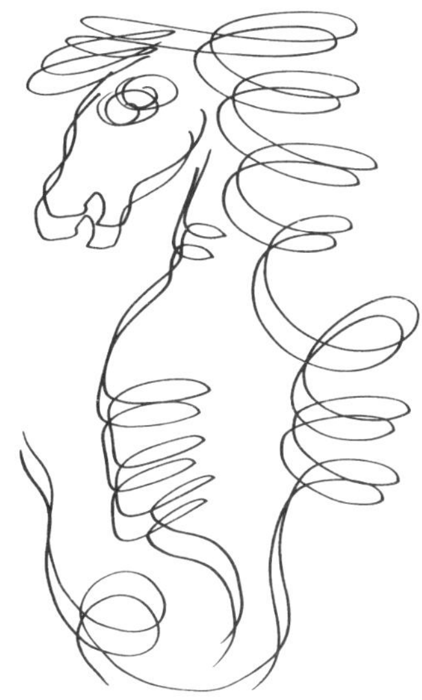

Ebbene, ciò che è fondamentale, per tutti questi casi, è che ogni specie abbia, precisa e collaudata, una sua regola. I colombi maschi allattano mentre il gallo non fa assolutamente niente? Va bene così, per gli uni e per gli altri, perché evidentemente la gallina da sola ce la può fare ma non la femmina di colombo. Ed è perciò che ogni specie ha evoluto le cure più appropriate che poi ogni individuo si trova scritte nel suo Dna.

Cioè collaudate sul campo, generazione dopo generazione, dalla selezione naturale.

E noi? Ebbene, per noi non è la stessa cosa, perché la nostra specie, nel corso della sua storia evolutiva, ha via via sostituito gli istinti con regole culturali, che degli istinti sono assai più labili e mutevoli. E soprattutto assai meno collaudate. Ai tempi di Gian Burrasca il padre era un castigamatti, poi c'è stato il permissivismo poi, addirittura, l'assenteismo. Ora, a quanto pare, il padre cambia i pannolini e, se l'allattamento è artificiale, a modo suo, e cioè col biberon, perfino allatta. E domani chissà, perché tutto può succedere. Non escluderei, grazie a qualche trucchetto biotecnologico, nemmeno l'allattamento naturale al seno.

Detto tutto ciò viene da pensare che, nella nostra specie, siano culturalmente rappresentate le regole di tutte le altre. Dai padri assenti a quelli sempre presenti, severi oppure teneri, gerarchizzati o paritetici. Il fatto è che l'evoluzione culturale corre sempre più in fretta e sperimenta in ogni direzione. E noi, con la nostra vita comunque temporalmente limitata, siamo sempre più affannati per tenerle dietro, interrogandoci di volta in volta sul reale valore di quanto intanto stiamo facendo. Possibile che non ce la facciamo a capire, una volta per tutte e definitivamente, come è meglio che vengano allevati i nostri figli?

Il topolino che riconosce i gradi di parentela

Mus spicilegus è un topolino che vive nelle praterie di molti paesi dell'Est. Ha coda piuttosto corta e ventre bianco e, per scoprirne la presenza, basta localizzare i cumuli di terra che segnalano le sue tane sotterranee, dove spende buona parte del tempo e in cui accumula più granaglie che può. Lo si direbbe un topetto qualsiasi, ma non è così. Una recente ricerca ha infatti dimostrato che ha una capacità straordinaria nel riconoscere i parenti. Non solo: è anche bravo nel valutare i differenti gradi di parentela.

Due etologi francesi, Nicolas Busquet e Claude Baudoin dell'Università di Parigi, hanno fatto una ricerca che parte, in un certo senso, da piuttosto lontano. Da quando, era il 1999, in una località dell'Ungheria catturarono e, portatili in Francia, iniziarono ad allevare una prosperosa colonia di quei topolini. Occorre sapere che il loro ciclo riproduttivo è rapidissimo e che le nidiate sono assai numerose. Da allora a ora, insomma, i due studiosi non solo sono stati in grado di mettere insieme un considerevole numero di topolini, ma anche di seguire, per tutti gli individui, i rispettivi gradi di parentela. Così, per indagare le loro capacità discriminative, su base olfattiva, hanno avuto a disposizione varie categorie di parenti. Precisamente queste: fratelli, super mezzi-fratelli, doppi cugini e cugini semplici. E se tutti sanno cosa sono i fratelli, è meglio che spieghi che i super mezzi-fratelli sono figli dello stesso padre e di madri sorelle, che i doppi cugini sono figli di due fratelli e di due sorelle e che, infine, i cugini semplici sono, ma questo lo sanno tutti, figli o di fratelli o di sorelle. Comunque, dalla prima all'ultima categoria il coefficiente di parentela, che esprime la percentuale media di geni in comune, cala progressivamente. Ciò che è risultato, al termine di una complessa sperimentazione, è che i topolini sono in grado, analizzando gli odori provenienti da loro parenti, di riconoscerne i livelli di parentela.

Se una specie ha evoluto una così raffinata capacità, un perché deve pur esserci. In questo caso è possibile immaginarne almeno due. Il primo riguarda l'esercizio delle preferenze sessuali. È noto infatti da tempo, almeno da quando si parla di tabù dell'incesto, che non conviene accoppiarsi tra consanguinei. Chi non lo fa ci guadagna, in un'ottica evolutiva, perché «spende meglio i propri geni». La seconda possibile funzione riguarda i comportamenti altruistici, frequenti nelle specie sociali. Anche in questo caso chi aiuta un parente «spende meglio i propri geni» perché favorisce la sopravvivenza di individui che condividono con l'altruista, rispetto a un estraneo, un numero superiore di geni. È evidente, a ogni modo, che la differenza tra la prima funzione (la scelta sessuale) e la seconda (l'altruismo) consiste nel fatto che, nel primo caso, il parente va evitato, mentre nel secondo va preferito.

Detto ciò, c'è da osservare che, se quei topolini possono essere considerati dei veri campioni della raffinata arte di riconoscere i livelli di parentela, di specie che, più o meno bene, sanno farlo, se ne conoscono ormai molte. Eccezionali sono le quaglie, che sanno come evitare l'accoppiamento con i fratelli a favore, invece, di quello con i cugini. Vanno poi ricordati i girini del rospo *Bufo americanus* che sempre discriminano, a livello di altruismo, tra fratelli ed estranei, e lo stesso vale anche per quelli della rana *Rana cascadae*. L'elenco degli «animali competenti in parentela» è comunque molto lungo e comprende specie sia di vertebrati che di invertebrati. Tra questi ultimi ricordo certe farfalle (per la scelta sessuale) e, c'era da aspettarselo, molti insetti sociali (per l'altruismo).

Un caso interessante è infine quello degli scoiattoli *Spermophilus beldingi*. Le femmine di questa specie vengono di norma fecondate da più maschi, così da produrre nidiate composte insieme di fratelli e fratellastri. Ebbene, in questa specie sono le femmine a essere maggiormente sociali e altruiste, ed è risultato che sono proprio le sorelle a essere tra loro più cooperative e meno agonistiche che non le sorellastre, che pure fan parte della stessa nidiata.

La riscoperta dei topi canterini

Che i topi si mettano a cantare non può che fare notizia. Così la curiosa e (apparentemente) nuova informazione ha recentemente fatto il giro del mondo. Da noi, tanto per dire, *la Repubblica* ha dedicato a quei canti murini una pagina intera e pure il giornale radio Rai se n'è occupato. Sarebbero stati due neuroscienziati americani, Tim Holy e Zhongshen Gun, a scoprire quegli amorosi cinguettii. Il fatto è, però, che tali suoni erano già noti da più di un secolo e studiati scientificamente da almeno venticinque anni.

All'origine del curioso caso stanno tanti motivi, tra cui anche questo: i topi cantano a voce bassa e i loro vocalizzi talora sono udibili (specie nei selvatici), talaltra no (nei domestici) localizzandosi nell'area degli ultrasuoni. Non è comunque facile, in questo mondo pieno di rumori, accorgersene. Ci fu però chi da tempo se ne accorse e li descrisse. Ricordo di averli ascoltati, assieme a un centinaio di persone, quando nel 1980 il prof. Angelo Bisazza dell'Università di Padova illustrò la ricerca al convegno di etologia di Parma. La relazione, accompagnata da numerosi sonogrammi, fu quasi subito pubblicata col titolo *Sound communication between male and female mice* (Boll. Zool. 1980).

Siamo abituati al fatto che gli americani poco si curano di quanto prodotto fuori dal loro territorio. Questo pertanto è uno dei tanti casi in cui quella che, volendo, è una «riscoperta», per negligenza si trasforma in una scoperta bella e buona. Bisazza, del resto, è in eccellente compagnia, perché già le leggi di Mendel, come tutti sanno, vennero riscoperte dopo decenni negli Stati Uniti. Quelli però erano altri tempi e grande fu il merito di T.H. Morgan che, nella *Drosophila*, ritrovò le regole che Gregor Mendel per primo evidenziò incrociando piselli.

La parte più amena del caso sta però nel fatto che quel pozzo senza fine di zoologia popolare che è la *Vita degli animali* del Brehm (Curcio, Roma 1962), opera presente nel mondo in milioni di copie, dedica numerose pagine al canto murino. Sono storie naturali d'una volta, quando le case erano ben più ospitali per i topolini, che ci abitavano da papi. E poi la gente d'allora, meno distratta e frastornata, sapeva udire i loro canti da uccelli. Ho scelto, tra quelle storie, la più affascinante.

«Nel novembre del 1846 il dottore Eichelbey udì, al crepuscolo, il canto brillante di un canarino che suppose ritirato nel caminetto. Credette che l'uccello si fosse colà smarrito, ma venne a sapere con grande stupore che, alcuni giorni dopo, alla medesima ora e nel medesimo luogo il medesimo canto erasi udito. Più tardi la musica veniva dal sottosuolo, e infine ne fu desto tutta la notte. I suoni erano dolci e maravigliosamente melodici. Accese un lume ed esplorò la camera. Seguendo il canto trovò alfine un topolino dalla boccuccia del quale scaturivano le note. Da quella notte il cantore si lasciò sempre più sovente vedere...»

Colombi: quante cose la vita scrive dentro

I colombi delle piazze sembrano tutti uguali. Scuri, tutti intenti nella ricerca di cibo o affaccendati ad altri affari loro, siano essi genericamente sociali o specificamente sessuali. Se li si guarda bene – è evidente – una qualche diversità tra loro c'è, non potrebbe non esserci. Ma è poca cosa: uno è un po' più chiaro, un altro ha un po' di penne bianche, un terzo un ciuffetto. Insomma: un colombo vale l'altro, insistiamo a pensare. Ebbene, è proprio questa idea preconcetta che occorre cancellare. E se i colombi torraioli mi faranno da comodo esempio, il mio ragionamento aspira a essere ben più generale. Vuole esprimere un concetto: l'esistenza di una speciale biodiversità, quella esperienziale.

Grazie ai colombi la mia esemplificazione può partire, vista la loro monogamia, dal fatto che la popolazione adulta è composta di coppie permanenti. Da ciò ne deriva che ogni femmina possiede chiara, in un immaginario cassetto della sua memoria, l'identità del suo compagno sessuale. Un ritratto a tutto tondo, non solo visivo. Lo stesso può dirsi, reciprocamente, per ogni maschio. Nel cervello di ciascuno di quegli esseri che distrattamente vediamo muoversi tra i nostri piedi e che ci paiono fatti con lo stampino, quasi fossero robottini, c'è invece scritta un'immagine ogni volta diversa, ed è un'immagine centrale per la loro esistenza. Ogni maschio ha ben vivo il ritratto della propria femmina, ogni femmina quello del proprio maschio. È intorno a ciò che girerà la loro vita.

Questo, però, non è che l'inizio del discorso. Ogni colombo, infatti, possiede un suo nido e conosce il tragitto, provvisto di varianti, che deve fare per tornarvi. Chi ha i suoi pulcini nascosti in una soffitta, dove può penetrare proprio attraverso quel vetro rotto, chi invece ha trovato più conveniente nidificare all'interno del foro di un muro. Tante coppie tanti nidi, tanti percorsi. E tante altre personali conoscenze. Il fatto, per esempio, che una signora d'un certo palazzo è solita al mattino gettare del becchime sul pavimento del terrazzo. Prima di farlo fischietta un po' – è un segnale – e, tra la moltitudine di quei colombi apparentemente tutti uguali se ne può evidenziare un drappello, diciamo una decina, attenti a rispondere a quella musichetta accorrendo in volo.

Inoltre, tornando alla loro socialità, o meglio ancora ai loro rapporti affettivi, non possiamo dimenticare che ogni femmina, dopo aver percorso un itinerario che è solo suo, raggiunge i piccoli nel nido. Lei li conosce, loro apprendono a fare altrettanto. Così come apprendono a riconoscere il proprio padre. Alcuni segni distintivi dei genitori (il fatto che siano, per esempio, scuri, quasi neri, oppure alternativamente bigi chiari) indirizzeranno i novelli nelle loro preferenze sessuali. Li indurranno cioè, divenuti adulti, ad accoppiarsi preferenzialmente con individui simili ai loro genitori. Perfino le scelte sessuali vengono, nei colombi, determinate dall'esperienza.

Quante cose la vita scrive dentro. Difficile immaginarle tutte. D'altro canto basta pensarci: gli animali apprendono, ricordano e si costruiscono, giorno dopo giorno, una loro personale sapienza. Ciascuno possiede, pertanto, una sua identità. È proprio l'insieme di queste differenti unicità, potrei chiamarle personalità, che ci rappresenta, nel suo complesso, la biodiversità esperienziale. Una diversità che, pur assommandovisi, scavalca quella genetica.

Così non posso non pensare, in questi biotecnologici tempi di clonazioni spesso annunciate ma talora anche realizzate, al fatto che, se è possibile fabbricare esseri geneticamente identici, sarà poi la vita, comunque, con le sue irripetibili esperienze, a regalare a ciascuno una sua diversità. Quasi fosse una ribellione, una rivincita. Perché la natura senza diversità muore.

Sempre a proposito di colombi questa è una notizia recentissima di cui molto s'è parlato: questi uccelli sanno memorizzare e riconoscere un migliaio di immagini, per esempio di visi umani. La notizia mi ha incuriosito (sono, fin da bambino, un colombofilo) e così sono andato a leggermi la ricerca originale, opera di Joel Fagot e Robert G. Cook e pubblicata sui *Proceedings of the National Academy of Sciences* (Stati Uniti). È, direi, la classica ricerca da psicologi animali, fatta in laboratorio con apparecchiatura consistente nel proiettare immagini fotografiche a uccelli addestrati che, se toccano col becco l'immagine corretta, ottengono un premio (un chicco di grano).

E così, sarà forse per via della mia quasi congenita colombofilia, mi piace affermare che per me la scoperta non è poi così sorprendente. È sì vero che ricordare un migliaio di immagini non è cosa da poco, ma – mi chiedo – come farebbe un colombo a fare la vita che fa se non avesse un'ottima memoria e insieme una formidabile capacità discriminante?

Facciamo – val sempre la pena – un salto dal laboratorio alla natura e, con occhi etologici, osserviamo questi uccelli. Sono coloniali e hanno una socialità complessa. Se sono selvaggi come quelli bellissimi che m'è capitato di incontrare ancora in Sardegna, nidificano in grotte e se ne vanno in grandi voli a foraggiare ove hanno speranza, o conoscenza, di trovare granaglie. A vederli volare in formazione, compatti e ordinati, verrebbe da paragonarli, e per certi aspetti non sarebbe sbagliato, con banchi di pesci, soprattutto se un predatore (un falco pellegrino) li minaccia, ma non è per niente la stessa cosa. Per comprendere la fondamentale differenza basta osservarli quando son scesi a terra e si stanno nutrendo, in special modo se trovano il mangime concentrato in poco spazio. In questa situazione si evidenzia, infatti, una loro gerarchia alimentare, del resto sperimentalmente dimostrabile mettendo del grano in un contenitore. Insomma, i colombi, come le famose galline del *peck order*, non solo si riconoscono individualmente, ma memorizzano anche i singoli stati sociali. E questo è solo un aspetto della loro socialità, perché intorno al nido l'aggressività cresce parecchio e, in definitiva, ogni nido e dintorni è un territorio di coppia strenuamente difeso. In questo caso, ovviamente, la gerarchia lineare scompare.

Gli autori della ricerca, peraltro interessante, fanno inoltre un commento che, sommessamente, vorrei un poco discutere. Affermano che i loro dati possono contribuire a comprendere l'evolversi, in generale, delle capacità cognitive e dell'intelligenza. Sarà anche vero; mi viene però da pensare che, come sempre, noi umani assolutamente non ce la facciamo a non prendere noi stessi come modello e misura di ogni cosa. E nel caso potrebbe anche andar bene, perché sia noi che i colombi siamo gente sociale. Esistono però, questo è il punto, anche menti altrettanto intelligenti di animali quasi asociali, in cui è prevedibile che ben diverse siano le necessità e le conseguenti capacità. Mi viene, al proposito, da pensare alla lince, che vive quasi sempre in solitudine. Che se ne farebbe, lei, dell'abilità discriminante di colombi, umani e babbuini?

Insomma, non solo tendiamo, gli animali, a sottovalutarli (altrimenti la scoperta non avrebbe «fatto notizia»), ma pure fatichiamo a percepire l'esistenza di menti qualitativamente diverse dalla nostra. E penso, questa volta, a quella raffinatissima dei pipistrelli, impregnata di sensazioni ultrasonore che noi nemmeno riusciamo a immaginare.

La volpe e la socializzazione secondaria

Un amico che abita sull'Appennino mi ha raccontato di essere divenuto, con infinita pazienza, amico di una volpe selvatica. All'inizio la vedeva, al tramonto, girovagare intorno a casa, per un certo tempo, però, come lui appariva lei spariva. Ha così cominciato, quasi per gioco, a metterle, al limite del giardino (che dà sul bosco), dei ghiotti bocconcini. Poi subito si allontanava, correndo a spiare da una finestra, e lei, timida, rispuntava a prenderli. Insomma, quella prudente interspecifica interazione è divenuta, col tempo, un vero appuntamento. E lui ha cominciato, parlando di lei, a chiamarla «la mia volpe».

Per farla breve, con la politica dei piccoli passi, sono arrivati a questo: ora alla sera, sempre alla stessa ora, lui esce di casa, fa un fischio vibrato e speciale che, per loro due, è una sorta di codice, e lei, che se ne sta infrattata ad aspettarlo, esce e accetta il cibo dalla sua mano anche se, col suo atteggiamento guardingo, è come se gli dicesse che si fida sì, ma non proprio del tutto. Basta infatti un niente e lei è pronta a ritirarsi, ad allontanarsi, a fuggire.

Un selvatico può pertanto perdere la paura dell'uomo, comportarsi quasi come un domestico. Quasi però, e voglio proprio dire di questo quasi, perché la differenza è sostanziale.

Il caso della volpe del mio amico, è vero, è raro e difficile, ma ormai tutti siamo abituati a essere circondati, nelle nostre città, da accattoni non umani di ogni tipo: passeri, gabbiani, tortore e colombacci. In certi parchi inglesi o americani anche scoiattoli, cervi, procioni, persino (ed è pericoloso) orsi. Da noi, in certe zone ove il Tevere scorre in città, per i bambini è normale venire abbordati da nutrie amiche.

Ebbene, ciò che voglio sottolineare è che il processo che porta questi animali a familiarizzare con l'uomo è diverso da quello che rende tali i domestici. Quello degli accattoni è detto socializzazione secondaria. Quello invece che determina il vero, socioaffettivo rapporto tra l'uomo e i suoi animali domestici è detto socializzazione primaria, e deve obbligatoriamente aver luogo durante il magico periodo dell'imprinting.

E a proposito di questo notissimo fenomeno voglio ricordare che un cucciolo necessita soltanto di una permanenza breve in presenza dell'uomo per attaccarsi definitivamente a questa specie, e non c'è nemmeno bisogno che l'essere umano premi il cucciolo con cibo o con carezze. Il cucciolo s'affeziona ugualmente. Esiste dunque una spinta interna, un'impellente motivazione da soddisfare, nel caso dell'imprinting. L'imprinting è, tutto sommato, una forma di apprendimento assai condizionata dalla genetica.

Ed ecco invece cosa succede quando si tenta di fare socializzare con l'uomo animali selvaggi, siano essi tortore o lupi, comunque individui, al limite potrebbero essere anche domestici, purché abbiano superato il periodo critico dell'imprinting. In questo caso il primo ostacolo da superare è proprio la paura. Occorre perciò che l'uomo assuma un atteggiamento dolce, calmo e rilassato anche se, a volte (come quando si vuole socializzare con animali potenzialmente pericolosi), debba allo stesso tempo mostrare lui stesso di non averne, di paura.

È chiaro dunque come nel caso della socializzazione secondaria sia coinvolto un differente processo di apprendimento, che porta sì, spesso, a vincere la naturale timidezza verso la specie umana, ma si tratta pur sempre di un processo che non porta mai a un reale, totale inserimento del selvatico nella socialità degli uomini. Nella socializzazione secondaria, si potrebbe dire, vinta la paura di eventuali punizioni, ciò che conta è soprattutto una opportunistica ricerca di premi.

E la volpe, è noto, quanto a opportunismo certamente non scherza.

Altri sensi altre menti

Sino a poco tempo fa si pensava che i raggi ultravioletti fossero assenti sotto la superficie del mare. Ora sappiamo che arrivano a decine di metri di profondità e che certi pesci sono in grado di percepirli. Le damigelle (genere *Pomacentrus* e *Dascyllus*) che vivono nella fascia tropicale dell'Indo Pacifico, per esempio, a noi esseri umani appaiono semplicemente come dei pesci bianchi con bande nere ma, in realtà, sulla loro grande pinna dorsale c'è un'area ben definita che riflette i raggi UV. Tramite questa macchia, che «per chi sa vedere» è assai cospicua, le damigelle comunicano coi loro simili e, oltretutto, con la massima sicurezza. I loro predatori, infatti, non sono in grado di percepire i raggi ultravioletti.

Questa delle damigelle è una storia naturale come tante, una storia però esemplare in quanto ci insegna che, visivamente, i pesci percepiscono un mondo diverso dal nostro e che, appunto per ciò, interagiscono secondo una realtà sensoriale che è tutta loro. E, c'è da dire, ogni animale ha la sua, di realtà sensoriale, con i sui punti di eccellenza (i suoi supersensi, come si suole dire). Passando per esempio dal visivo all'acustico eccovi un'altra storia. In generale i rapaci notturni hanno evoluto un piumaggio che, durante il volo, non produce ultrasuoni. Ciò è avvenuto perché le loro prede preferite, i roditori, agli ultrasuoni sono sensibilissimi. Basterebbe infatti un segnale ultrasonoro proveniente dal cielo per vanificare il successo predatorio d'uno di questi uccelli. Esistono però alcuni rapaci notturni asiatici (*Ketupa*) e africani (*Scotopelia*) che si sono specializzati nel pescare pesci. A vederli, questi uccelli sembrano come tutti gli altri, anche se la loro predazione è diversa. Pattugliano infatti a bassa quota i corsi d'acqua e appena scorgono un pesce lo catturano coi robusti artigli. Comunque la fondamentale differenza, rispetto alle normali civette e gufi, sta nel fatto che, non sapendo i pesci percepire gli ultrasuoni, ciò ha vanificato la pressione selettiva che originariamente aveva reso i rapaci notturni i più silenziosi tra tutti gli uccelli. Così, se si registra il volo d'una *Ketupa* o d'una *Scotopelia*, ecco allora che ricompaiono quegli ultrasuoni che l'azione selettiva esercitata dai roditori aveva cancellato in tutti gli altri rapaci notturni.

Due storie, tra le tantissime, che ci raccontano che i differenti animali hanno evoluto differenti e straordinarie sensibilità. E sono storie che non riguardano solo i tradizionali cinque sensi, più o meno raffinati ed estesi, come è nel caso della sensibilità all'ultravioletto, alla luce polarizzata, oppure agli ultrasuoni e agli infrasuoni. C'è infatti di più, perché si sono anche sviluppate, nel polimorfo mondo della zoologia, altre e differenti sensibilità, con relativo bagaglio di organi di senso e di capacità centrali elaborative dei dati. I pesci elettrici sono per esempio attrezzati per scambiarsi informazioni appunto elettriche, e lo stesso vale per un uccello, il kiwi, e per quel peculiare e primitivo mammifero che è l'ornitorinco. Esistono inoltre sensibilità a variazioni del campo magnetico, alla percentuale di anidride carbonica e così via. Insomma, nella natura c'è ben altro da cogliere al di là di quello che noi umani sappiamo percepire.

C'è, infine, un'altra osservazione da fare, riguardante quegli animali, in genere uccelli e mammiferi, che possiedono una mente. È infatti possibile immaginare, sulla base delle loro differenti sensibilità sensoriali e dei conseguenti diversi stili di vita, ben diverse rappresentazioni del mondo esterno. Esemplare al proposito è il caso dei pipistrelli, animali tra l'altro che, per la loro immagine complessiva, non casualmente risultano ai più poco gradevoli, se non addirittura repellenti. Eppure la loro peculiare anatomia ha una ben precisa ragione d'essere, perché i pipistrelli esprimono, proprio attraverso le loro singolari strutture, il loro modo di stare al mondo, derivante dalla raffinata abilità di muoversi nell'oscurità grazie all'ecolocazione. I pipistrelli, in altre parole, possiedono un sonar biologico che fa sì che la loro vita si basi per gran parte su sensazioni per cui noi umani non possediamo né i sensi né i mezzi centrali d'elaborazione. Così come noi possediamo una mente soprattutto visiva, un po' acustica, pochissimo olfattiva, i pipistrelli hanno sviluppato una mente in gran parte ultrasonora. Ecco allora che, tra l'altro, le «mostruosità» del loro aspetto di colpo acquisiscono significato: le appendici membranose, i lobi a ferro di cavallo, le modanature dei padiglioni auricolari partecipano infatti, come casse di risonanza, come trasmettitori direzionali, come ricevitori, all'ottenimento delle informazioni essenziali per crearsi quella complessiva raffigurazione ultrasonora dell'ambiente che è, potremmo dire, la loro unica idea possibile del mondo. E quello dei pipistrelli è solo un caso tra i tanti. Il mondo infatti non corrisponde solo a ciò che percepiamo noi. L'idea di una «visione del mondo», pertanto, non può che risultare riduttiva.

La mente raffinata degli animali che si fanno scorte alimentari

Tra gli uccelli che si fanno scorte alimentari i più noti sono sicuramente le ghiandaie e le nocciolaie. Ciò probabilmente a causa del loro nome, così allusivo di ciò che nascondono per i tempi duri, ma non meno abili accumulatori di scorte sono i picchi, le cince e, tra i mammiferi, gli scoiattoli, i criceti, le volpi e tant'altri ancora. Le curiosità su questa previdente attitudine sono state finora soprattutto di due tipi: l'una, più ecologica, s'è accentrata sulla funzione che questi animali hanno di disseminatori delle piante di cui nascondono i semi, perché ovviamente non tutti vengono poi ritrovati; la seconda, più etologica, s'è rivolta all'abilità che questi animali possiedono di fabbricarsi le mappe mentali che poi, al momento del bisogno, li guideranno verso ciò che hanno nascosto.

Dirò prima dell'aspetto ecologico e, per far ciò, racconterò del rapporto tra le nostre ghiandaie (*Garrulus glandarius*) e la qualità delle ghiande che, ovviamente, sono il loro alimento principale. Ebbene, questi uccelli non s'accontentano solo di mangiarle, ma se ne fanno scorte notevolissime per i tempi duri, volando a nasconderle sottoterra in tanti piccoli nascondigli sparpagliati in un vastissimo areale.

Mi ricordo, al proposito, una bella ricerca opera di J. Bossema dell'Università di Groningen, che anni fa andai a visitare. Quell'ornitologo aveva dimostrato che le ghiandaie scelgono accuratamente, una a una, le ghiande, che raccolgono sulla base di certe loro caratteristiche, e che dunque le selezionano, innescando così un processo coevolutivo. Infine, a distanza di mesi, le sanno assai abilmente ritrovare, pur se coperte di neve, dimostrando così quanto sia formidabile la loro memoria topografica. Chiaro però che, fatalmente, un certo numero di semi viene scordato oppure, anche questo è possibile, viene interrato in soprannumero. Fatto sta che, in questo modo, le querce vengono disseminate, e ambedue le specie ne traggono grande vantaggio. Sia quella vegetale che quella animale, coinvolte come sono nello stesso processo che le adatta sempre più l'una all'altra. E, volendo, potrei anche dire che un certo vantaggio in fin dei conti ce l'abbiamo anche noi, perché non c'è dubbio: un bosco di querce è, sempre e comunque, una benedizione.

Se poi vogliamo entrare più a fondo sui meccanismi mentali della straordinaria capacità di ricordare i singoli nascondigli, questa è basata sul saper tenere a mente i cosiddetti «punti di repere», quali sassi, tronchi caduti e così via, presso i quali gli animali celano le parcelle del loro bottino. Recentemente s'è anche scoperto che alcune specie, tra cui la ghiandaia americana *Aphelocoma californica*, sanno perfino prevedere le loro future esigenze, dimostrando così di non vivere solo nel presente, ma di saper almeno un po' proiettare nel futuro la loro vita. È infatti risultato che queste ghiandaie, quando sono sazie di un certo tipo di cibo non si limitano a celarne di un tipo diverso,

come farebbero se si basassero sullo stato motivazionale presente, ma sanno invece immaginare i loro desideri alimentari futuri. Ed è appunto su questa più complessa base che scelgono tra cibi diversi organizzando così le loro scorte.

Un altro caso interessante, studiato sulla specie affine *Aphelocoma caerulescens*, riguarda la cosiddetta «memoria episodica». Oltre ai semi, questi uccelli nascondono anche materiale deperibile, che proprio per ciò deve essere recuperato per primo. E così infatti avviene. Ciò sarebbe la prova che questi uccelli sanno ricordare non solo cosa volta per volta hanno messo nei loro nascondigli, ma anche quanto tempo è passato da quando hanno nascosto quegli alimenti che potrebbero deteriorarsi.

Il comportamento del nascondere alimenti, così ben studiato per gli aspetti finora descritti, non s'esaurisce comunque tutto nelle semplici attività del celare e del ritrovare. Se infatti una risorsa la si cela è perché qualcuno potrebbe rubarla, e anche questa non poi tanto remota eventualità può condizionare il comportamento di coloro che nascondono il cibo. A questo aspetto finora poco noto è stata ora dedicata una ricerca, opera di Jayden Van Horik e K.C. Burns dell'Università di Wellington in Nuova Zelanda.

In quel paese esiste un piccolo passeriforme insettivoro, la *Petroica australis*, che in Nuova Zelanda è noto quanto da noi le ghiandaie e le nocciolaie per l'abitudine di fabbricarsi «tesoretti» alimentari. Nel caso di *Petroica*, a ogni modo, i tesoretti consistono in piccoli (o meno piccoli) agglomerati di insetti uccisi.

I ricercatori, facilitati dalla totale assenza di paura per l'uomo di quegli uccellini (beati loro), hanno fatto esperimenti in natura mettendo a disposizione di coppie o di singoli individui una sovrabbondanza di larve di *Tenebrio molitor*, quelle larve di coleotteri, per intenderci, che i nostri pescatori usano come esche. Ebbene, è innanzitutto risultato che gli uccelli di sesso maschile, che sono ben più aggressivi delle femmine, come strategia antifurto usano quella di nascondere pochi e abbondanti cumuli di larve l'uno vicino all'altro per poi star lì di guardia, scoraggiando così i possibili ladri; le femmine invece, che sono assai più timide, puntano tutto sul celare i tesoretti l'uno lontano dall'altro e in posti anche per ciò difficilmente reperibili. Il che, oltretutto, suggerirebbe una differenza tra mente femminile e mente maschile.

C'è però dell'altro, e cioè che, se due individui lavorano insieme, nascondono un minor numero di larve di quando lavorano in solitudine, e ciò anche se il compagno è il proprio coniuge. Sarebbe come se, anche per loro, valesse l'umana regola per cui, in ogni caso, «fidarsi è bene ma non fidarsi è meglio».

Scimpanzé predatori culturali

No, non è un campo di battaglia, ecco cos'è: una «foresta di battaglia». E il modo di dire sarà pure inconsueto ma è perfettamente descrittivo: rende benissimo l'idea. D'altro canto l'idea stessa è piuttosto nuova. Chi l'avrebbe detto, infatti, fino a qualche anno fa, che gli scimpanzé possiedono una straordinaria attitudine alla caccia di gruppo e che questa avviene in uno spazio tridimensionale. Loro che partono dal terreno, salgono lassù, in alto sulle cime degli alberi, dove sta l'altro piccolo esercito, quello dei colobi ferruginei, che sono prede sì, ma con le loro valide strategie difensive, includenti persino spericolate azioni d'attacco.

Conosco bene queste battaglie, che iniziano con la banda degli scimpanzé maschi che, dopo il vocale reclutamento, coordinatamente scala differenti alberi per accerchiare, salendo, le truppe delle prede. Conosco le sconvolgenti immagini delle aggressioni, delle ritirate strategiche, delle azioni d'accerchiamento che nelle foreste dell'Africa, da lassù fin sulle cime a laggiù fin sul terreno, mettono in atto gli scimpanzé e i colobi. I grandi e i piccoli, i predatori e le prede.

Ho visto ripetutamente, in vari filmati specialistici, la differente azione dei «drivers» e dei «blockers» (così li distinguono gli etologi, con una terminologia che pare sportiva, del calcio americano o del rugby). Ho ancora negli occhi il coraggioso, talora suicida, attacco dei colobi maschi, che letteralmente si tuffano, volando da un albero all'altro, aggredendo gli scimpanzé in difesa di femmine e piccoli. Ho infine studiato con interesse il tragico attuarsi della predazione, la rituale spartizione della preda e, cosa davvero strana, il consumarla alternando bocconi di carne con quelli di un contorno vegetale: foglie di salice!

Tutto ciò chiunque lo può ammirare grazie ai documentari, ma tanti studi sono stati anche fatti. Ed è appunto dall'approfondita conoscenza delle abitudini carnivore e predatorie degli scimpanzé che è stata suggerita una nuova e importante continuità eto-ecologica tra l'uomo e i suoi parenti più stretti, soprattutto considerando che, anche negli scimpanzé come nella nostra specie (penso ai primitivi cacciatori-raccoglitori), l'abitudine predatoria risulta essere trasmessa culturalmente. Le due popolazioni di scimpanzé maggiormente studiate (quella di Gombe e quella di Tai) sono infatti decisamente distinguibili sia per le tecniche di manovra che per l'uso sociale che fanno del prodotto «carne». È interessante rilevare, a proposito di quest'uso, che i maschi che possiedono la carne la distribuiscono, o quando è il caso la negano, con finalità dichiaratamente politiche (farsi alleanze, o anche una corte di sottomessi fedeli questuanti) oppure sessuali (ottenere il favore delle femmine in estro). E ciò, se ci pensate, è estremamente «umano», è estremamente diverso, se non altro, dal ben più dichiaratamente alimentare significato della predazione dei carnivori più «istintivi», siano essi alati come falchi, terrestri come leoni, acquatici come squali.

Gli scimpanzé non predano soltanto colobi, ma anche altre scimmie, come cercopitechi e giovani babbuini, oppure giovani di antilopi e di suini selvatici. Sono comunque i colobi le loro prede abituali, così come sono gli scimpanzé comuni i predatori. Gli altri scimpanzé, quelli detti bonobo o pigmei, praticamente non predano. Conoscendo il loro comportamento sempre così segnato dalla sessualità, si potrebbe pensare (e in effetti un po' si sa) che la politica dei bonobo non sia dipendente dalla caccia, ma veicolata dalla prorompente attività sessuale. Volendo allora fare un gioco di parole si potrebbe così dire che ambedue le specie sanno fare, a loro modo, ciascuna un suo particolare, e singolare, «mercato della carne».

Un ultimo pensiero d'ordine comparativo. Abbiamo messo insieme, come «predatori culturali», uomini e scimpanzé, contrapponendoli ai tanti «predatori istintivi». A ben pensarci esiste un altro animale che preda per cultura. È il più grande delfino, l'orca, di cui sono note le numerose tecniche di caccia caratterizzanti le differenti popolazioni. E non è un caso che vengano a trovarsi insieme proprio delfini e primati. Sono loro, in fin dei conti, i più intelligenti tra tutti gli animali.

Che bella mente avrebbero, se mai l'avessero, il polpo e la seppia

Che la rondine torni ogni anno allo stesso nido fa parte della sapienza popolare. Ma come fanno, lei e le tante specie di migratori che arrivano, esattamente, proprio «a casa loro»? Ebbene, la rondine e anche gli altri, dopo essere arrivati in zona grazie a complessi meccanismi innati, per l'ultimo tratto fanno come facciamo noi quando ci rechiamo in una città che non conosciamo e, dopo aver parcheggiato l'auto, percorriamo a piedi un tragitto più o meno breve per raggiungere la meta prefissa. Stiamo cioè attenti a memorizzare punti di riferimento che poi saranno utili, quando torneremo, per farci ritrovare la nostra macchina.

Faccio un esempio: possiamo ricordarci che, subito dopo la farmacia, ben visibile per la sua croce verde illuminata a lampi, dobbiamo voltare a destra. Poi, un po' più in là, quando compare la grande T di un tabaccaio, voltare invece a sinistra. E così via.

L'ho fatta forse un po' lunga con questo esempio umano, ma sono convinto che sia questo il modo migliore per spiegare cos'è quel complesso apprendimento detto *conditional discrimination learning*, un apprendimento che si basa non solo sul saper discriminare tra i punti di riferimento (la croce, la T), ma anche nell'avere poi la capacità di attribuire loro un differente significato a seconda del contesto ambientale in cui si trovano. In altre parole: non è che tutte le croci verdi da farmacia possano servire per farci raggiungere quella certa meta, né tutte le T da tabaccaio. Servono solo quelle che si trovano nel giusto contesto, cioè proprio in quella via che abbiamo appena percorso. E lo stesso vale anche per le rondini: non tutti i campanili di paese sono informativi, ma solo quello che si trova in centro a quel paesino, a quell'ambiente, che la rondine ha memorizzato, ricorda e riconosce. Il *conditional discrimination learning* esige dunque qualcosa di ben più complesso, diciamo pure di ben più difficile, della pura memorizzazione dei «punti di repere», che più o meno tutti gli animali saprebbero fare abbastanza automaticamente. Esige cioè il ricordarsi cosa, quei punti, significhino in quella determinata situazione ambientale.

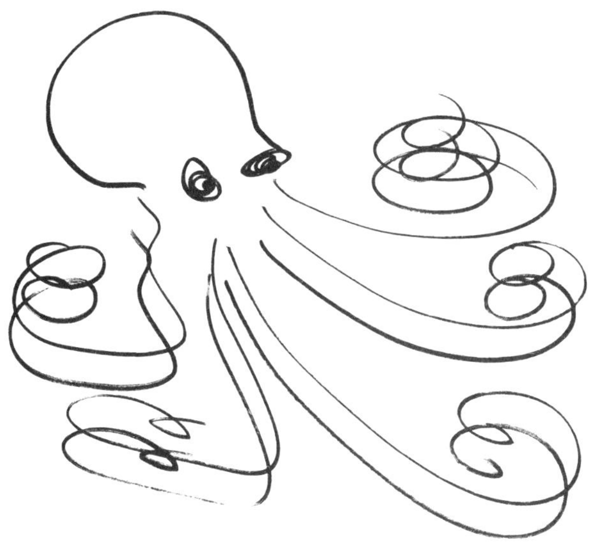

Detto ciò, l'interessante novità è che questa raffinata capacità, ritenuta quasi esclusiva dei vertebrati superiori (e presto scopriremo cosa s'intende per quasi), s'è scoperto essere presente anche in tre differenti specie di molluschi cefalopodi, un polpo e due seppie. Un gruppo di ricercatori capitanati da Lauren M. Hvorecny dell'Università di Millersville, PA, USA, ha infatti appena pubblicato, su *Animal Cognition*, una ricerca intitolata «Octopuses (*Octopus bimaculoides*) and cuttlefishes (*Sepia pharaonis*, *S. officinalis*) can conditionally discriminate».

E, a proposito di questo apprendimento, occorre ricordare che sa usarlo non solo un altro mollusco, in questo caso un gasteropode marino, l'aplisia (*Aplysia californica*), ma anche un altro invertebrato intellettualmente assai brillante, l'ape. Insetto questo veramente straordinario, a un punto tale che c'è perfino chi sostiene che possieda qualcosa di analogo a una mente. Tutto dipende, ovviamente, dalla definizione che viene usata.

Quanto alla brillantezza intellettiva, c'è comunque da dire che pure i cefalopodi, soprattutto i polpi, sono da tempo noti per le loro raffinate capacità cognitive, forse addirittura mentali. E merita, al proposito, ricordare le pionieristiche e ormai storiche ricerche compiute intorno alla metà del secolo scorso nella gloriosa Stazione Zoologica di Napoli. Istituzione nota in tutto il mondo scientifico e di cui dovremmo veramente andare fieri.

Tornando agli attuali esperimenti, è bene dire che questi sono stati anticipati da numerose osservazioni in natura, che già suggerivano come sia i polpi che le seppie verosimilmente sapessero orientarsi leggendo i punti di riferimento contestualizzandoli. Per passare però dal verosimile al vero sono stati necessari – è sempre così – alcuni ben studiati esperimenti di laboratorio in cui, in situazioni standardizzate, si sono usati vari tipi di labirinto dove i medesimi segnali potevano avere significati addirittura opposti. Se, per esempio, in un labirinto un certo segnale indicava la via d'uscita, in un altro questa poteva trovarsi addirittura dalla parte opposta a dove era stato posizionato il segnale.

Come ho detto, la capacità di apprendimento definita *conditional discrimination learning* è caratteristica dei vertebrati. Compare però, abbiamo visto, anche in altri, e distanti, tragitti evolutivi, cioè in un insetto com'è l'ape, in un mollusco gasteropode, l'aplisia e, ultimissima scoperta (almeno per ora), in molluschi assai evoluti come sono appunto i cefalopodi. Rappresentano, queste strane comparse in differenti rami della storia della vita, classici esempi di ciò che gli studiosi dell'evoluzione biologica chiamano convergenza evolutiva. Il che, in parole povere, significa che, se una capacità è utile per la sopravvivenza, può comparire e poi evolversi, indipendentemente, anche più volte separatamente.

SECONDA PARTE

Storie e ritratti

A partire dagli anni Ottanta è divenuto piuttosto di moda, tra gli ecologi e un po' anche tra gli etologi, occuparsi di *life histories*, esercizio inizialmente descrittivo, poi anche a vari livelli interpretativo, della storia degli individui delle diverse specie. E, c'era da aspettarselo, ha anche preso forma e sostanza una vera e propria teoria delle *life histories*. Piuttosto interessante, in verità.

Una faccenda comunque molto scientifica. Ebbene, volendo essere questo mio scritto un esercizio soprattutto di divulgazione, oltre che di piacevole lettura, il suo bersaglio (il titolo stesso lo dichiara) è essenzialmente quello di spiegare, soprattutto con esempi, la bellezza, il fascino e anche l'utilità della conoscenza vera degli animali. Ed è appunto quest'aggettivo, vera, che gli consente di fregiarsi del titolo di «divulgazione scientifica».

Siccome poi di divulgazione un po' me ne intendo (ne ho fatta tanta), conosco bene la necessità, perché essa penetri e lasci il segno, che si imbelletti un po'. Che sappia cioè mantenere alta l'attenzione del lettore e, se possibile, anche il suo divertimento. Perché mai, d'altronde, la scienza dovrebbe essere noiosa? L'importante, piuttosto, è che passi informazioni corrette. Quanto al come, credo che, comunque, la strada migliore, la più naturale, sia quella dell'empatia tra chi scrive e chi legge. Io, l'ho dichiarato fin da subito, appartengo alla dantesca categoria di «chi dietro a li uccellin sua vita perde», categoria, ritengo, molto fortunata. E scrivendo mi vien spontaneo, lo lascio trasparire. Siccome poi scrivo, in prima istanza, per quelli come me, immagino che, fin qui, l'empatia sia garantita. Se poi, a leggermi, c'è anche qualcun altro, qualcuno cui gli animali non interessano per niente, o magari addirittura fan schifo, chissà, potrebbe anche darsi che riesca a fargli cambiare idea. Il che, l'ho già confessato, non mi dispiacerebbe affatto.

Ma torno a bomba. Ciò che in realtà volevo e voglio dire, introducendo questa seconda parte, è essenzialmente questo: che le mie storie e i miei ritratti son molto più alla buona delle *life histories* scientifiche. Però, e questa è una simpatica diversità, nelle mie è, inevitabilmente, avvenuta un'addizione. Ai frammenti di storia naturale, infatti, sempre ho dovuto aggiungere lo sfondo culturale nel cui ambito il ritratto va a piazzarsi. E questo succede, ormai, praticamente sempre, perché l'uomo è dappertutto, e dappertutto fa sentire, talora anche prepotentemente, la sua presenza.

La lepre variabile e gli altri «bianchi d'inverno»

L'altissima montagna, che è luogo estremo, in quanto tale frequentemente propone allarmanti interrogativi a proposito dei cambiamenti climatici, e il primo animale cui mi viene da pensare è la lepre bianca, detta anche variabile perché è bianca solo d'inverno, avendo invece d'estate il colore rossiccio di tutte le altre lepri. In Val d'Aosta la chiamano biancone, immagino perché di taglia leggermente superiore alla lepre comune, e nella Val d'Ayas, dove ogni anno torno, mi viene detto che ormai il bel lagomorfo è, dappertutto, sempre più raro.

Gli effetti dei cambiamenti climatici, singolarmente, lasciano il segno anche da un punto di vista linguistico, venendo descritti con una terminologia somigliante a quella della strategia militare. Scopriamo infatti, per animali e piante, avanzate e ritirate, occupazioni di nuove aree e spostamenti di confine. Vengono in mente le bandierine che i generali riuniti in consiglio di guerra appuntano su grandi carte geografiche per segnalare i territori conquistati o perduti, gli avanzamenti e le ritirate. E il tutto, attualmente, sta avvenendo a una velocità eccessiva, innaturale. È come se osservassimo la proiezione accelerata di una pellicola che dovrebbe invece raccontarci, col passo consueto, cioè calmo, una storia naturale. Una storia che invece, a causa dell'innaturale accelerazione provocata dall'impatto umano, corre sempre più rapida. Troppo rapida in definitiva. Il che non va, perché queste accelerazioni sono proprie della cultura, non della natura.

Se infatti guardiamo alla natura e ai suoi ritmi, scopriamo tutta un'altra cosa. Scopriamo che sì, è vero, è sempre esistita ed esiste un'alternanza di periodi glaciali e interglaciali che fa sì che animali e piante costantemente, seppure lentamente, modifichino la loro distribuzione geografica. Ma i tempi sono quelli della biologia: l'evoluzione ha pertanto il suo tempo per lavorare a fabbricare, se servono, i nuovi adattamenti. Quanto alla lepre variabile, in un periodo lontano e gelido abitò anche la nostra pianura. Anzi, le Alpi le ha conquistate solo con l'ultima glaciazione. E ora si trova intrappolata lassù sulle alte cime, suo unico regno, e il suo pelo invernale, insieme folto e cripticamente candido, è il segno lampante del doppio adattamento nei riguardi del gelo e dei predatori.

Ma parliamo ora di altri eserciti. Con l'aria (torrida) che tira scopriamo moltitudini di gechi, di istrici, di locuste che compatte salgono sempre più a nord, mentre nei mari arrivano dal profondo Sud decine di inconsuete ed esotiche specie di pesci. E questa conquista, questo allargamento dei confini, ha prodotto inquietanti neologismi, come la tropicalizzazione, la desertificazione. Neologismi in cui sta dentro un po' di tutto, piante e animali e suolo, ma non certo la mia cara lepre, variabile e salterina, né i pochi altri che come lei sono «bianchi d'inverno», e cioè l'ermellino e la pernice bianca. Per loro la ritirata verso quote sempre più alte è obbligatoria e, speriamo, strategica, e lo stesso vale per i tanti altri animali d'alta quota, come il gallo forcello, il gallo cedrone, lo stambecco e così via.

Se la caveranno? Resterà a questi «relitti glaciali» un po' di neve, di ghiaccio, di freddo? Certo è che, se la tropicalizzazione procede all'attuale velocità, lo spazio adatto sarà sempre meno. E se il cambiamento avverrà troppo in fretta l'evoluzione avrà davvero il suo daffare per renderli adatti alla nuova situazione. È pertanto interessante chiedersi come sono attrezzati questi animali in vista dell'emergenza incombente, e io ho una mia risposta. A me pare che, dei tre «bianchi d'inverno», sia l'ermellino quello messo meglio. La specie (*Mustela erminea*) ha un'enorme diffusione geografica: oltre all'Europa la si trova in gran parte dell'Asia e in Nordamerica. Inoltre, e questo è il fatto più straordinario, esiste perfino una sottospecie che vive in Algeria (*Mustela erminea algerica*). Ciò dimostra che l'ermellino non solo potrà giocare la sua partita (o battaglia) su uno scacchiere immenso, ma anche che già possiede la capacità genetica di vivere in un ambiente a clima mite. È infatti indicativo che nella singolare sottospecie nordafricana la fase invernale bianca è sparita. Inoltre esperimenti di laboratorio ci informano che allevando ermellini con un clima temperato anche d'inverno questi, pur essendo geneticamente predisposti a fabbricare il vello bianco, non lo fabbricano per niente sembrando, così, delle banali puzzole.

Quanto alla lepre variabile (*Lepus timidus*), sembrerebbe piazzarsi in posizione intermedia. Non ha l'amplissima distribuzione geografica che caratterizza l'ermellino ma anch'essa dimostra di saper calibrare la sua fase bianca al variare della temperatura. Quella artica, infatti, conserva tutto l'anno la tinta candida, mentre quella irlandese nelle zone più temperate presenta anche in inverno un mantello rosso-bruno.

È dunque la nostra pernice bianca (*Lagopus mutus*) la più disarmata. Pur avendo una considerevole distribuzione geografica sia nel Vecchio che nel Nuovo Mondo, non mostra infatti quella duttilità che consente agli altri due di «disubbidire» alle istruzioni genetiche se la situazione l'impone. Così, se il caso non l'aiuterà con tempestive opportune mutazioni, la bianca pernice non saprà banalizzarsi. Non saprà cioè diventare una delle tante, una qualsiasi, come invece forse sapranno fare l'ermellino e la lepre, che salveranno sì la pelle, ma non sarà più la stessa pelle.

Due storie di stambecchi

La storia che vi voglio raccontare – siamo ancora in alta montagna – si rifà a un singolare, recente centenario, quello del ritorno dello stambecco nelle montagne della Svizzera, celebrato pochi anni fa, tra la primavera e l'estate del 2006. Lo si è fatto, oltretutto, con manifestazioni che, a dire il vero, hanno anche, ma forse soprattutto, avuto il significato di una riparazione. Non a caso, infatti, non si sono svolte nelle Alpi svizzere ma, invece, in quelle italiane. S'è fatto questo: alcuni stambecchi provenienti dalla Svizzera sono stati pubblicamente liberati, per iniziativa del Consolato generale di Svizzera e grazie a un apposito comitato, nel Parco Adamello Brenta e in quello delle Dolomiti Friulane. Alcuni esemplari, inoltre, vennero precedentemente rilasciati nel Parco delle Prealpi Giulie.

C'è un'antica storia dietro queste liberazioni e merita davvero ripercorrerla fin dal suo vero inizio. Se infatti l'episodio attuale si rifà a eventi avventurosi e, per la verità, anche un po' truffaldini di poco più di cent'anni fa, la storia più antica ci riporta ben più indietro nel tempo facendoci rivivere avvenimenti che, ormai, sembrano quasi incredibili. E non sarebbe nemmeno finita lì, perché con lo stambecco, se si volesse partire davvero dall'inizio della storia, intesa in questo caso come storia naturale, occorrerebbe tornare ben più indietro, addirittura fino alla preistoria e lo scenario sarebbe allora quello dell'ultima glaciazione.

Fu infatti in quel periodo per loro accogliente che gli stambecchi raggiunsero la massima espansione e, insieme, la minor quota. Il loro areale comprendeva, in quel clima freddissimo, oltre che quasi tutta l'Italia, praticamente tutta l'Europa fino ai

Carpazi. Quanto al nostro paese, gli stambecchi arrivarono a sud sino alla Campania, alla Basilicata e alla Puglia, fors'anche alla Sardegna. Poi però, col progressivo e implacabile ritorno del clima mite e con i conseguenti cambiamenti ambientali, per sopravvivere quelle capre selvagge furono costrette ad arrampicarsi ad altezze sempre maggiori. Quella che in origine era stata una popolazione grande e continua risultò infine tutta suddivisa, come se i picchi in cui s'era rifugiata fossero tante isole tra loro completamente separate. Questa è, d'altronde, la sorte obbligata della fauna cosiddetta residua, di cui lo stambecco è senz'altro l'esempio più illustre.

Raccontata la preistoria, diciamo ora delle più lontane interazioni con la nostra specie, quando gli stambecchi abitavano ancora quasi tutte le montagne. Già i romani li conoscevano. Li trasportavano a Roma per usarli nei giochi circensi. Poi, qualche secolo dopo, successe ben di peggio perché gli stambecchi caddero vittime della superstizione e della medicina popolare medievali. Fu infatti in quell'epoca che si ritenne di aver trovato in quelle capre selvagge i rimedi contro ogni malanno umano, e ciò andò avanti per secoli. Ancora nell'Ottocento lo stambecco veniva considerato una sorta di farmacia ambulante. Si credeva che il suo sangue fosse un rimedio contro i calcoli della vescica mentre con le corna si facevano anelli che preservavano da ogni malattia. Certe concrezioni che si rinvengono nel suo stomaco, dette «bezoar», erano considerate efficaci contro il cancro e persino gli escrementi venivano raccolti e usati nella cura della tubercolosi e della gotta. Insomma, chi uccideva uno stambecco si faceva una piccola fortuna e, tanto per dire, i vescovi di Salisburgo mantenevano in quella città e a Berchtesgaden alcune «farmacie» dove venivano venduti esclusivamente questi rimedi. Non c'è quindi da stupirsi se in quelle regioni gli stambecchi si riducessero via via di numero. La stessa sorte d'altronde toccò anche a quelli che vivevano nelle Alpi svizzere. A cominciare dal 1558, quando l'ultimo stambecco venne ucciso nel cantone di Glarus, la distruzione della specie s'allargò a macchia d'olio in tutto il territorio svizzero finché, tra il 1800 e il 1850, la specie si estinse definitivamente anche nel Bernese, il suo ultimissimo rifugio.

Quanto all'Italia, fortunatamente la casa reale sabauda ritenne la caccia a quella che considerava la più nobile delle prede un suo esclusivo privilegio e pertanto ne vietò ogni altro abbattimento. A partire dal 1854 il Gran Paradiso divenne proprietà privata del re Vittorio Emanuele II, che emanò divieti di caccia ancora più severi e affidò la protezione degli stambecchi a una compagnia di guardie forestali. È proprio per ciò che tutti gli stambecchi ancora viventi discendono da quelli, gli ultimi sopravvissuti, del Gran Paradiso.

Occupiamoci ora della storia parallela, perché nel frattempo in Svizzera si tentava di ricostruire l'antico patrimonio zoologico creando nel San Gallo, nel 1892, il Parco Nazionale Peter e Paul. Purtroppo però a disposizione c'erano soltanto degli ibridi tra lo stambecco e la capra domestica, perché le autorità italiane si rifiutavano energicamente di accondiscendere alle richieste degli svizzeri. Questi cercarono allora, assai furbescamente, di procurarsene di contrabbando e finalmente cent'anni fa, nel 1906, i primi stambecchi puri e selvatici arrivarono clandestinamente nel parco, dove felicemente iniziarono a riprodursi.

E questo è tutto, o meglio questo spiega tutto, specie il senso un po' riparatorio delle recenti manifestazioni. Ed è veramente simpatico leggere, nel comunicato emesso dal consolato, l'ammissione che quegli stambecchi «... furono trafugati con il consenso di alte autorità elvetiche...» e che «... in considerazione del fatto che l'importazione non avvenne nel rispetto della legalità, la Svizzera ha inteso cogliere questo anniversario come occasione per esprimere la sua gratitudine restituendo, a titolo simbolico, alcuni stambecchi all'Italia».

Davvero bravi, dunque, questi nostri elvetici confinanti. La classe, come si dice, non è acqua. E per analogia vien da pensare: l'avranno mai organizzata, i romani nostri antenati, una cerimonia riparatoria del ratto delle sabine?

Seconda storia. In un centrovisite del Parco Nazionale del Gran Paradiso, a Chanavey in Valle di Rhêmes, si trova il corpo imbalsamato di uno stambecco straordinario. Il suo nome è Sultano. Era imponente, aveva grandi corna a scimitarra, visse a lungo. Oltre a ciò, altre qualità lo dotarono d'un fascino irresistibile, d'un carisma percepito da uomini e animali.

Può sembrare azzardato usare questa parola, carisma, per un animale, ma chi l'ha conosciuto sa che è così. D'altronde Sultano sta diventando una leggenda. Turisti e valligiani si recano ormai, sempre più numerosi, a visitarlo. Un po' come successe – altri tempi – per Barry, il celeberrimo cane di San Bernardo che salvò la vita a tante persone e che dalla sua morte è esposto nel famoso ospizio a 2400 metri d'altezza lungo la strada che va da Aosta a Martigny.

Sultano però fu un animale selvaggio ed elusivo, non compì atti eroici nei confronti della nostra specie. Se è divenuto leggendario è stato per altri, più sottili motivi. È indubbiamente una storia assai peculiare. Ci si trova immersi nell'aria sottile dell'alta quota tra ghiaioni, nevi perenni e cieli azzurri solcati dal volo dell'aquila, in compagnia di gente e animali per i più inconsueti, preziosi. E quegli esseri, umani e non umani, è come se recitassero una commedia, o una tragedia, fuori dal tempo. Sono gli uomini del parco, i valligiani, e poi animali: stambecchi, volpi, camosci, marmotte, ma soprattutto lui, Sultano, perché il perno del racconto è la storia della sua vita.

Molte sono le testimonianze e le immagini fotografiche. Già ammirare queste ultime è un piacere, ma è la lettura delle testimonianze che meglio rendiconta la sapienza di quegli speciali osservatori che, con parole semplici, tracciarono un ritratto, per buona parte scientificamente attendibile, del favoloso stambecco. Certo non erano etologi di professione, ma ciò che scrissero trova una sorprendente corrispondenza con le conoscenze effettive degli studiosi del comportamento animale.

L'esempio più bello è la descrizione che del mitico animale fa Vittorio Peracino, che fu ispettore sanitario del parco: «Sultano? Fiero. Energico. Irruente. Deciso. Uno stambecco capolavoro. Durante la stagione degli amori non aveva neppure bisogno di affrontare in duello i rivali. Li sconfiggeva con il solo apparire. Intelligente? Il fatto di essere riuscito a sfiorare i diciotto anni, guidando un branco, significa che sapeva operare delle scelte: arrivare, per esempio, ai pascoli migliori nel momento più opportuno».

Spiego perché mi piace questa descrizione. Potrebbero sembrare parole che, per eccesso d'ammirazione, lasciano spazio alla fantasia, ma non è così. Tra gli stambecchi, infatti, esiste un fenomeno chiamato *assessment*, autovalutazione. Si tratta di questo. Con l'esperienza ricavata dai numerosi scontri aggressivi i maschi riescono a stimare quali sono gli individui che possono battere e quali no, e ciò avviene attraverso la reciproca valutazione delle dimensioni delle corna. Così, indirettamente e progressivamente, ogni individuo comprende qual è il suo potenziale aggressivo e con ciò raggiunge una relativa consapevolezza di sé, della sua forza, di quello che rappresenta nell'ambito del gruppo. Se ci si attarda a osservarli durante gli scontri, si scopre che questi mai hanno luogo tra individui diversamente armati: basta uno sguardo e quello dalle corna di minori dimensioni si ritira, risparmiandosi così i traumi di una sconfitta annunciata. Ecco allora che, grazie all'*assessment*, la frase: «li sconfiggeva con il solo apparire» diviene comprensibile, accettabile.

C'è poi il discorso riguardante l'eccezionale longevità, la capacità di guida, il sapere «operare delle scelte: arrivare, per esempio, ai pascoli migliori nel momento più opportuno». Tutti fenomeni che l'etologia ha studiato. Perché certi animali sanno davvero prendere decisioni, utili per la sopravvivenza, sulla base dell'esperienza e dell'intelligenza.

Parlare del carisma di Sultano non è dunque un azzardo. L'aveva sicuramente nel suo gruppo sociale. Ciò che può stupire è che anche le guardie del parco l'avessero pienamente percepito. Ma quelle guardie sono persone particolari. La consuetudine all'osservazione, alla solitudine, ai tempi lunghi che la montagna regala le ha infatti rese estremamente competenti e sensibili ai fenomeni della natura, che sanno leggere raffinatamente.

Personaggio straordinario fu Provino Chabod, che per primo incontrò Sultano, che gli diede il nome, che lo seguì per tutta la vita. Che, quando giunse il momento della morte dell'animale, non ebbe il coraggio di esserne testimone. E siccome la direzione del parco desiderava averne una documentazione filmata, fu incaricato un suo giovane collega, Stefano Borney. È lui che ci racconta, e ci documenta, quel tragico ultimo giorno. La silenziosa visita – forse l'estremo omaggio – d'alcuni stambecchi; quella, altrettanto rispettosa, del suo pastore tedesco. «E non gli gira attorno eccitato come fa quando s'imbatte in un animale selvatico. Non abbaia, non annusa, non guarda». Gli si siede semplicemente accanto. Fin dove arriva, negli animali, la consapevolezza della morte?

La storia di Sultano, splendidamente esaltante l'idea zoologica dell'unicità degli individui, è raccontata da Ariberto Segala nel bel volume *Sultano delle nevi* (Daniele Piazza Editore, Torino 2003).

Gli elefanti

La matriarca era crollata di colpo. Era giunta la sua ora e non ce la faceva più. Non riusciva nemmeno a reggersi in piedi. Probabilmente aveva più di sessant'anni e la sua vita era sempre più faticosa, difficile. Non era sola però in quel drammatico, finale momento: aveva accanto la sua grande famiglia. Le elefantesse, che da sempre l'avevano avuta per guida, percepirono la sua sofferenza e cercarono di aiutarla in ogni modo. Con le zampe, con la proboscide e perfino, ma delicatamente, con le zanne, ripetutamente si sforzarono invano di rimetterla in piedi. Invano, purtroppo.

La scena, recentemente documentata con splendide immagini fotografiche, è assai toccante, anche se non completamente nuova. Ha comunque fatto il giro del mondo, tanti l'hanno vista e si sono commossi. A ogni modo ben conosciamo comportamenti del genere avendoli incontrati spesso nei film naturalistici. Solitamente però a essere in difficoltà non è un adulto, sono gli elefantini che, impantanati mentre si abbeverano, vengono rialzati dalla madre o dalla nonna, o da qualche zia volenterosa, e allontanati dalla trappola fangosa che altrimenti li avrebbe inghiottiti.

La scena è in ogni caso commovente, ho appena scritto, e ovviamente mi riferivo a noi spettatori umani, perché siamo proprio noi, tra tutti gli animali, quelli tipicamente capaci d'una consapevole empatia. Siamo noi uomini che, talora scavalcando anche i confini della nostra stessa specie, sappiamo emotivamente partecipare agli accadimenti altrui mettendoci in sintonia con eventi che, in senso stretto, non ci dovrebbero poi tanto riguardare. Ebbene, ciò che sappiamo è che anche gli elefanti possono essere empatici e, con loro, altri animali che sono insieme sociali e intelligenti. Perché proprio queste, la socialità e l'intelligenza, sono le qualità che li rendono capaci di azioni altruistiche e di tant'altro ancora.

Parlando di elefanti, comunque, è giusto che mi soffermi innanzitutto sul loro grande altruismo. Su quelle elefantesse che, recentemente, sono state colte dall'obiettivo mentre tentavano di fare tutto il possibile per aiutare Eleonora, la loro stremata matriarca.

Gli elefanti, africani e indiani, spendono la loro vita all'interno di una socialità fondata sul matriarcato e sui legami di parentela. Al vertice della gerarchia c'è sempre una vecchia femmina, appunto la matriarca, circondata da figlie, nipoti e da adolescenti e giovani di entrambi i sessi. I maschi adulti, invece, se ne stanno al margine. Talora se ne vanno solitari e contattano il gruppo solo quando qualche femmina è in estro. Ingaggiano allora tenzoni rituali e la femmina assiste interessata in funzione della scelta che farà.

Vivono a lungo gli elefanti. Hanno una memoria formidabile e sviluppano rapporti fortemente personalizzati. Definiscono così la loro socialità ed è in quest'ambito che si sviluppa il loro speciale altruismo. Speciale perché, se un qualche tipo di altruismo è presente in molti animali, purché sociali, quello degli elefanti ha qualcosa in più che cercherò di spiegare.

Gli studi di sociobiologia hanno dimostrato che un animale sociale che aiuta un suo simile può, per vie diverse, avvantaggiare la sopravvivenza dei propri geni nelle generazioni che seguiranno. È perciò che anche comportamenti che apparentemente non favoriscono chi li compie, vengono selezionati a favore. Il vantaggio evolutivo per l'altruista può derivare dal fatto che l'individuo aiutato è un parente (si parla di *kin selection*) o, in alternativa, perché nel tempo l'altruismo può venire con buona certezza ricambiato (altruismo reciproco). In pochi animali, però, che sono dotati di consapevolezza di sé e degli altri – certamente gli elefanti, ma lo stesso vale per le grandi scimmie e per i delfini – l'altruismo può chiaramente travalicare le istruzioni genetiche tingendosi di una partecipazione emotiva che è facilmente leggibile nel loro comportamento, particolarmente in quell'area comunicativa che Darwin descrisse come «l'espressione delle emozioni». Anche perciò si può, su base puramente descrittiva, parlare di capacità empatiche di certi animali.

Vale comunque la pena, al proposito, di ricordare un'importante scoperta fatta proprio in Italia: l'empatia trova la sua sede in quei neuroni specchio recentemente evidenziati dal neurofisiologo parmense Giacomo Rizzolatti. Sono, questi neuroni, cellule che specificamente consentono al cervello di percepire il significato dei comportamenti altrui. Scrivono Rizzolatti e Sinigaglia nel loro saggio *So quel che fai. Il cervello che agisce e i neuroni specchio* (Raffaello Cortina, Milano 2006): «Se non esistessero potremmo al massimo disporre di una rappresentazione sensoriale, di una raffigurazione per così dire pittorica del comportamento altrui, ma questa non ci permetterebbe mai di sapere ciò che gli altri stanno davvero vivendo. Mai si potrebbero intuire le intenzioni altrui, né le motivazioni né le emozioni». E sarebbe proprio la presumibile presenza anche negli elefanti dei neuroni specchio che consentirebbe loro quell'empatia che li porta a esprimere un altruismo così speciale perché partecipato, mirato e personalizzato.

Il recente episodio delle elefantesse che, come premurose badanti, soccorrono la loro matriarca, rientra comunque senz'altro nel caso dell'altruismo rivolto verso parenti. In questi animali, però, è noto anche l'altruismo reciproco. Da tempo si sapeva che gruppi separati si passavano informazioni coordinando gli spostamenti anche se si trovavano a distanza di chilometri. Se infatti un gruppo scopriva una sorgente d'acqua dopo un po' un altro lo raggiungeva come se fosse stato avvertito. S'era perfino, e senza alcuna prova, parlato di telepatia. Si scoprì poi che gli elefanti sanno emettere suoni a bassa frequenza, per noi non udibili ma per loro ben percepibili, e ora sappiamo che è attraverso questi «infrasuoni» che gli elefanti si passano informazioni anche battendo ritmicamente una delle loro grandi zampe sul terreno, come se utilizzassero un codice. E siccome i differenti gruppi non sono tra loro particolarmente parenti, risulta chiaro che è l'altro meccanismo, quello, sui tempi lunghi, del mutuo soccorso, che conferisce un vantaggio evolutivo anche a questa singolare abitudine.

Ho trattato, fin qui, dell'altruismo. Gli elefanti però, con l'intelligenza, la consapevolezza e la memoria che si ritrovano, sanno fare (purtroppo) anche ben altro. Se per qualche motivo vengono infatti perseguitati da esseri umani, il che capita sempre più spesso, includono poi la nostra immagine tra quelle dei nemici da combattere. Sempre più spesso perciò succede che, senza alcun motivo apparente, perfino le altrimenti miti elefantesse si trasformino in terribili macchine da guerra. È d'altronde una vita sempre più infelice quella che trascorrono questi immensi animali: abbattimenti (per l'avorio ma non solo) distruttivi della loro socialità, della loro sicurezza, dei loro affetti, per non parlare della brutale e progressiva riduzione del loro spazio vitale. Sì, i pochi elefanti rimasti sono davvero messi male, costretti come sono dal nostro agire sconsiderato a reagire, talora, di conseguenza. E sarà forse questione, ancora una volta, d'empatia, ma come si fa, poveretti, a non compiangerli?

La foca monaca

Se si pensa ad animali a rischio di estinzione il primo che viene in mente, in quest'epoca globalizzata, è indubbiamente il panda, mentre il secondo, per noi mediterranei è, ancora indubbiamente, la foca monaca. Due specie comunque emblematiche per le tematiche della conservazione. Ebbene, potrà forse sembrare strano che io scriva, dal Veneto dove mi trovo, della foca monaca, eppure esistono almeno tre buoni motivi perché lo faccia. Il primo è che proprio qui a Ca' Foscari, ncl dipartimento di scienze ambientali dove lavoro, s'è recentemente trattato proprio di questo ancora misterioso e comunque elusivo pinnipede. È stato infatti recentemente nostro ospite il prof. Ali Guçu della Middle East Technical University di Mersin (Turchia), uno dei massimi conoscitori di questo pinnipede. Il professore ha presentato a studiosi e studenti, ma anche a un pubblico più ampio, lo stato di conservazione e il progetto di tutela promosso dal WWF. Lo studioso era accompagnato dal documentarista Emanuele Coppola che ha mostrato, in anteprima, un filmato, girato massimamente nella penisola di Kizilliman, in Cilicia, proprio di fronte a Cipro, esclusivamente dedicato al rarissimo mammifero marino, che così finalmente ha smesso, per i più, di essere misterioso come un fantasma. Della foca monaca infatti tanto si parla e si discetta, ma ben pochi hanno avuto il privilegio di incontrarla e tanto meno di poterla filmare. Il materiale filmico recentemente raccolto sarà d'ora in avanti indubbiamente di grande aiuto per potere descrivere e comprendere il comportamento ancora per buona parte sconosciuto di quello che è l'unico pinnipede mediterraneo.

E ora parliamo del secondo motivo. La foca monaca è animale del Mediterraneo nel senso più esteso, di cui si conosce bene l'antica distribuzione. Molti autori greci della classicità l'hanno descritta, tra cui Omero, Aristotele e Plutarco. Nell'antica Grecia si pensava fosse protetta da Poseidone e da Apollo. La foca mediterranea è stata raffigurata in antichi mosaici e la sua effige si trova riprodotta su monete di epoca pre-ellenica coniate dall'antica comunità marinaia di Focea, presso l'attuale città turca di Foça. Un paio di migliaia di anni fa era, insomma, frequente lungo tutte le coste del Mediterraneo, Adriatico e Tirreno incluso. Poi è cominciato il declino, delle cui cause dirò, che l'ha portata alla situazione attuale. Poche colonie localizzate tra Nord Africa, Turchia e Grecia, nelle isole Ionie (Zacinto, Cefalonia e Itaca); inoltre individui erratici sparsi qua e là. Ogni tanto arriva sui giornali la notizia d'una foca monaca avvistata in Sardegna o nell'arcipelago toscano; qualche altra, solitamente individui giovani provenienti dalle Ionie, risale le coste adriatiche installandosi tra le isole della Croazia. Si riaccendono speranze, se ne parla un po', poi purtroppo silenzio.

Ciò che è certo è che una volta la foca nell'Adriatico c'era. Gli antichi veneziani naviganti verso le rotte d'Oriente chissà quante volte l'avranno incontrata. E allora non si riproduceva isolata e nascosta all'interno di grotte, ma su spiagge e in comunità. Colonie simili a quelle degli altri pinnipedi che siamo soliti ammirare nei nostri ormai solo esotici viaggi. La sua è un'asocialità forzata, necessariamente appresa.

Quanto al terzo e ultimo motivo, è di carattere più generale. La foca monaca, animale della mitologia ma insieme simbolo infelice della modernità in quanto rappresentazione estrema, con la sua estinzione annunciata, dell'impatto dell'uomo sulla natura, sta scomparendo a causa di una logica perversa. Questa: ogni essere che, per una qualche risorsa, si presenta come nostro competitore, viene classificato come «nocivo» e fatto fuori. Per lo stesso motivo sono scomparsi, o quasi, ma comunque perseguitati, tutti i predatori. Le aquile e i falchi, i lupi e le linci, i delfini e, appunto, la foca monaca. Ed è proprio il mancato riconoscimento del ruolo fondamentale che i predatori hanno per il mantenimento degli equilibri naturali e, specificamente, per la salute delle popolazioni delle prede (le risorse) a provocare tanti squilibri nella natura. Squilibri che poi, alla lunga, si ripercuotono anche sulla qualità stessa della nostra vita. Eccolo qui, pertanto, il succo del terzo motivo: nel nostro Veneto il conflitto tra pescatori e allevatori da una parte e predatori naturali dall'altra è tutt'altro che risolto e nemmeno facilmente risolvibile. La foca monaca nel nostro mare non c'è più, forse non c'è mai stata. Ma la sua storia è, comunque, opportuno che la conosciamo, perché i delfini, i cormorani e tanti altri predatori nostri competitori ancora esistono, e sono tutti più o meno perseguitati. Il problema quindi permane, ed è esprimibile con questa semplice domanda: se un delfino mangia del pesce, come natura comanda, «ruba» una risorsa che non gli appartiene?

Tornando alla foca monaca, a ogni modo, bisogna aggiungere che non viene solo perseguitata perché si nutre di pesce. A impedirne la sopravvivenza sono anche un turismo eccessivo, il disturbo dei grandi traghetti, l'inquinamento. Ormai le ultime foche mediterranee non sanno più dove stare, soprattutto dove trovare la quiete necessaria per riprodursi.

Detto tutto ciò, voglio ora narrarvi una storia, nemmeno tanto antica, di grandissimo fascino: quella dell'ultimo pescatore nostrano di foche monache. Ed è una storia, come ho appena scritto, tutto sommato recente, perché c'è chi, l'incredibile personaggio, l'ha addirittura conosciuto. È una storia di Capraia, l'affascinante isola dell'arcipelago toscano, così come capraiese è quel mio amico, Folco Giusti, anch'egli innamorato della zoologia, che la storia racconta. Per professione Folco fa lo zoologo presso l'Università di Siena e, recentemente, ha pubblicato un volumetto dedicato alle sue peculiari memorie giovanili (*Un'isola da amare. Capraia: storie di uomini e di animali*, Le opere e i giorni, Roma 2004). È in quelle pagine che scopriamo l'ormai mitico cacciatore di foche nostrano.

Come ho scritto, la foca monaca, fino a non molto tempo fa, non era per niente un fantasma. E fin'allora non l'è mai stata: era semplicemente uno dei tanti animali del Mediterraneo. A Capraia, a ogni modo, nella prima metà del Novecento la si vedeva spesso sbuffare a pelo d'onda. E anche su quest'isola non era un animale amato, perché stracciava le reti, ghermiva il pesce ai pescatori. Le si sparava, se appena si poteva, e questo lo facevano un po' tutti. Allora l'animalismo non c'era, e neppure l'ecologismo e l'ecologia. Inoltre a Capraia viveva Alfredo Cuneo, morto nel 1959 alla bell'età di 92 anni. Fu lui l'ultimo cacciatore nostrano di foche. L'ultimo che, in quel pinnipede, seppe vedere, più che un competitore, una risorsa. Giusti lo conobbe quand'era ormai «un vecchietto piccolo, secco come un'acciuga». Ma quel vecchietto, così apparentemente fragile, aveva saputo affrontare ripetutamente il bue marino catturandolo vivo.

Questo è il racconto, trascritto, del cacciatore: «Ci alzavamo di notte e, armata la barca, s'andava a ponente verso la grotta che sta tra la punta del Trattoio e il Morcto. Due ore buone di remi, fradici di guazza, il fanale del paese a poppa fino alle Formiche, all'orizzonte la Corsica, un'ombra scura come una grossa balena addormentata. Sapevamo che almeno una femmina in quell'antro veniva a partorire e che tra settembre e ottobre, di notte, sarebbe stata là, sulla ghiaia in fondo, a fare la guardia al cucciolo. Davanti all'ingresso si calava un cerchio di rete robusta e poi, pronti a tenere, si sparava un colpo di fucile. La foca spaventata schizzava fuori e si infilava nella rete. Si dimenava come un diavolo, strappava, sbatteva l'acqua, ma più sbatteva e più s'imbrigliava. Alla fine cedeva. Uno nella grotta ad acchiappare il piccolo, gli altri a tirare la rete in barca, prima che la foca affogasse. E via, indietro verso il porto, carichi ma contenti».

Poi veniva il difficile, perché le bestie, chiuse in un magazzino, dovevano imparare a sopravvivere in cattività, a mangiare pesce già morto. «E la foca mamma piangeva, piangeva... pareva sapesse il destino che aspettava lei e la sua fochina. Mi si spezzava il cuore, ma qualcuno di un circo o di uno zoo me li avrebbe comprati e quella pesca sarebbe stata provvidenza per tutto l'anno.»

Quella caccia speciale andò avanti fin quasi al 1940. A Capraia c'è chi ricorda ancora che alcune foche finirono negli zoo di Roma e di Berlino. Una femmina si chiamava Caterina, un maschio Stefanino.

Ora sappiamo, così, che le foche non sono sempre state fantasmi o gente esotica. E anche sappiamo che, se sono scomparse, non è solo per colpa di quei pescatori. Infatti ai loro tempi, nonostante tutto, seppure a fatica resistevano. A impedirne la sopravvivenza sono intervenuti, in realtà, un moderno turismo eccessivo, e poi il disturbo dei grandi traghetti, infine l'inquinamento. Le ultime foche mediterranee, purtroppo, ora non sanno più dove stare, dove trovare la quiete necessaria per riprodursi, per sopravvivere.

È auspicabile, scrive Giusti, che con l'avvio del Parco dell'Arcipelago Toscano la foca monaca possa tornare anche a Capraia. Risarciti i pescatori dei danni eventuali, la loro presenza sarebbe un motivo d'orgoglio in più per quest'isola tanto ricca di fascino.

I rinoceronti

Il rinoceronte nero occidentale (*Diceros bicornis longipes*) è, ma forse era, purtroppo, un bestione immenso. L'animale terrestre più grande dopo l'elefante, recitano i sacri testi zoologici. Lui, e insieme con lui ugualmente grandi sono gli altri membri di quella stirpe provvista sempre di uno o due corni stranamente piazzati sul muso anteriormente, non sulla fronte come di solito avviene con gli altri animali cornuti. Una stirpe favolosa suddivisa in asiatici e africani, in bianchi e in neri. Tutti comunque con quella pelle glabra e spessa come una corazza, abbondante. Con quel tozzo profilo, quel trotterellare placido cui improvvisa può seguire una carica terrifica dopo averci faticosamente messi a fuoco – noi i suoi veri e unici nemici – coi piccoli occhi da miope.

Come sono belli, nella loro apparente mostruosità, i rinoceronti. Sembrano animali preistorici, e d'altronde proprio nella preistoria più recente ancora vagava, coperto da un folto mantello, il rinoceronte villoso (*Coelodonta antiquitatis*). Il cugino venuto dal freddo, di cui straordinariamente fu ritrovato un esemplare perfettamente conservato fra i ghiacci della Siberia. Numerosi disegni e graffiti inoltre ce ne tramandano l'immagine da quell'età lontana e ancora priva di scrittura.

Quello, il villoso, se n'è andato da tempo; gli altri, l'uno dopo l'altro, se ne stanno andando adesso. E sarà una perdita dolorosa, perché un mondo senza quegli incredibili bestioni sarà certamente più povero. Sarà in definitiva un mondo di umani che non li ha voluti più e i nostri figli e nipoti, ammirando la splendida acquaforte di Alessandro Longhi e leggendo la famosa scritta «Il gran Rinoceronte qui si vede, / Dall'Africa condotto in sto contorno; / E della Belva smisurata in fede, / Del suo naso cornuto eccovi il corno» non potranno che pensare: ecco, questo è un animale del passato. Lo si potrà vedere impagliato nei musei di storia naturale, forse in qualche vecchio documentario ma, sicuramente, mai più verrà ammirato vivo nella sua savana nativa.

Mai più, perché l'umanità attuale al rinoceronte non ha lasciato quel minimo di spazio e di rispetto perché potesse sopravvivere.

L'ultima brutta notizia riguarda, appunto, il rinoceronte nero occidentale. La World Conservation Union di Ginevra ha proprio in questi giorni annunciato la sua presunta estinzione. E non è che gli altri rinoceronti stiano molto meglio. La situazione è questa. Ne esistono, nel complesso, cinque specie, tre asiatiche e due africane. Quelle africane sono il rinoceronte nero (di cui l'occidentale era, appunto, una sottospecie) e il bianco (*Ceratotherium simum*). Gli africani posseggono sempre due corni, uno più massiccio e lungo posto anteriormente e l'altro più piccolo in posizione posteriore. Delle specie asiatiche due, il rinoceronte indiano (*Rhinoceros unicornis*) e quello di Giava (*Rhinoceros sondaicus*), hanno invece un solo corno, mentre il rinoceronte di Sumatra (*Dicerorhinus sumatrensis*), il meno grande della famiglia, ne possiede due come i cugini africani.

Purtroppo tutti i rinoceronti sono nella lista rossa della CITES (Convention of International Trade in Endangered Species) e vengono definiti in pericolo di estinzione dall'IUCN (International Union for Conservation of Nature and Natural Resources). Particolarmente critica è la situazione di quelli asiatici. Degli indiani ne sopravvivono solo 2400 esemplari, mentre sono solo 300 quelli di Sumatra e 70 quelli di Giava. La situazione di queste ultime due specie è, praticamente, disperata.

C'è un discorso generale da fare a proposito della pittoresca e variegata compagnia degli animali di taglia gigantesca. Intendo gli elefanti, gli ippopotami, i rinoceronti e le balene. Gente che, sempre e comunque, ha fatto la sua brava figura in circhi e serragli, in bestiari e musei, e che oggi abitano, più modernamente, nel Guinnes dei primati oltre che, purtroppo, nelle allarmanti liste rosse. Sono, questi giganti, gente per cui, evolutivamente parlando, il proverbio *in medio stat virtus* non deve aver mai veramente funzionato. Se infatti sono diventati quello che sono qualcosa vorrà pur significare, e si tratta di questo: generazione dopo generazione, in quelle specie hanno sempre avuto la meglio non gli individui medi, quelli che, tanto per dire, stanno al centro della curva, ma piuttosto quegli altri, quelli piazzati a una ben precisa estremità. Dalla parte cioè del più grande, del più lungo, del più alto, del più massiccio. Si può in definitiva affermare che la loro storia naturale non può essere stata, seppure con qualche alto e basso, che un continuo crescendo.

E questo diventar sempre più grandi e grossi ha rappresentato, per tempi lunghissimi, la mossa vincente, perché essere di grande stazza ha, in natura, un aspetto positivo fondamentale: la mancanza di predatori. Un rinoceronte adulto, tanto per dire, non viene quasi mai predato, neppure dai feroci carnivori delle savane. La sua mole, la sua potenza fisica, unite ai corni acuminati, scoraggiano il più abile predatore. E vale, lo stesso discorso, per tutti gli altri giganti, o per lo meno è valso.

Oggi però non è più così, perché ormai solo l'uomo comanda e decide. La natura, in realtà, non è più quella di una volta. L'essere grande, attualmente, non fa per niente bene alla salute. Il fatto è che, in questo mondo sovraffollato d'uomini e in grave crisi ambientale, il gigantismo ha definitivamente smesso di portare i vantaggi di un tempo. Per i giganti del regno animale, la vita è diventata difficile per tanti e diversi motivi, primo tra tutti la distruzione degli habitat.

C'è poi, al di là delle minacce che, genericamente, accomunano tutti i giganti della zoologia, di terra e di mare, una storia parallela che è propria del numero uno terrestre, l'elefante, e del numero due, il rinoceronte. Le maledette zanne, i maledetti corni. E pensare che, durante tutta la loro storia evolutiva, hanno rappresentato una validissima difesa. Ora, però, sono quel tocco in più disgraziatissimo che li sta portando all'estinzione.

E passi ancora (si fa per dire) per le zanne, che sono l'avorio. Un valore, se non altro, concreto. Ma il corno del rinoceronte... Ecco, in questo caso bisogna proprio dire che l'uomo, il più distruttivo tra tutti predatori, ha voluto appoggiare sul piatto negativo della bilancia – da un lato l'estinzione, dall'altro la sopravvivenza – anche la sua più assurda irrazionalità. Non bastavano la caccia grossa e la progressiva riduzione degli spazi vitali? Ebbene, c'è anche un pesantissimo bracconaggio sostenuto dall'idea superstiziosa delle, solo supposte, facoltà terapeutiche della polvere di corno. Perché la medicina popolare in varie parti del mondo ancora usa questa polvere per curare le più stravaganti infermità. Infezioni e ascessi, epilessia, febbre e raffreddore... chi più ne ha più ne metta. Per non parlare, quello non manca mai, del potere afrodisiaco. Fatto sta che nelle farmacie di Hong Kong, Seul, Osaka, Kuala Lampur e di tante altre città e villaggi ancora si vende, a prezzi sempre più alti, la polvere di corno di rinoceronti sia asiatici che africani. E, manco a dirlo, tanto più rara è la specie, tanto maggiore è il prezzo.

Così questi pachidermi vengono ammazzati esclusivamente per deprivarli dei loro corni. Tant'è che ogni tanto viene messa in atto la singolare iniziativa di «decornificare» gli animali adulti al fine di proteggerli. Ma c'è dell'altro, e questo è un fenomeno che potrebbe portare a una singolare evoluzione (se prima non si estingueranno) valida sia per gli elefanti che per i rinoceronti. Dato che zanne e corni di grandi dimensioni rappresentano per i bracconieri l'aspetto più appetitoso, pare sia in atto un'involontaria, ma non per questo meno efficace selezione a favore degli individui che, per qualche genetico motivo, non sviluppano, o sviluppano poco, le zanne (gli elefanti) oppure i corni (i rinoceronti). Insomma, se sopravviveranno, saranno questi «handicappati» i pachidermi del futuro. Una prospettiva poco divertente, ma purtroppo così va il mondo. Per niente bene, cioè.

I bufali

I bufali stanno sempre più conquistando il Nord del nostro paese come se, un po' per volta, volessero all'incontrario replicare la buzzatiana «famosa invasione degli orsi in Sicilia». Ormai li incontriamo non solo in Piemonte, dove sono ambientati da un bel po', ma anche in Lombardia, nel Veneto e in Friuli Venezia Giulia. Qualcuno potrebbe ingenuamente chiamare in causa addirittura i cambiamenti climatici e la galoppante meridionalizzazione, ma sbaglierebbe. Il motivo è un altro, è il successo della loro mozzarella.

Sia come sia, per chi è cresciuto tra le brume della Val Padana quei foschi bovini dalle corna a mezzaluna, così peculiari, così diversi, non possono che suscitare esotiche sensazioni, che evocare terre lontane, come l'Asia e anche l'Africa (che in realtà proprio non c'entra). Non possono, tanto per dire, non far pensare a giovanili salgariane letture, con la tigre che balza feroce sul dorso del bovino, oppure alle battute africane descritte da Hemingway.

Tutto sbagliato, comunque, perché i bufali sono gente nostrana, sono nostri animali domestici, tant'è che, per uno che nasce in Campania o in certe zone del Lazio, non rappresentano niente di diverso da ciò che per noi del Nord sono le vaccherelle bruno-alpine o le moderne biotecnologiche frisone.

Il mio primo incontro ravvicinato con questi pseudoesotici bovini è stato, a ogni modo, del tutto casuale. Qualche anno fa mi trovavo, con amici della LIPU di Latina, a fare un giro alla ricerca di visioni ornitologiche. Le zone umide sono ricche di uccelli facilmente osservabili e così, sulla sponda del lago di Fogliano, puntavo gente pennuta. Il binocolo vagava sull'acqua quando ebbi come la sensazione d'essere altrove, appunto in Africa o in Asia. E non fu quell'unico memorabile fenicottero reso doppio dalla sua immagine riflessa a suscitare l'ingannevole impressione, furono invece quei tre isolotti neri e semoventi, con sullo sfondo un intero palmizio. Perché no, proprio non mi aspettavo quella visione, quei bufali che pigramente uscivano dall'acqua densa del lago. Eppure erano là, e non da clandestini. Erano a casa loro, normali e consueti né più né meno del cane e del porco, dell'asino e delle galline.

I nostri bufali hanno una storia antica. Provengono dall'Asia e da più d'un millennio abitano le nostre zone meridionali e palustri. Vivono di magre erbe, sopportano l'afa. Una volta davano carne, lavoro, latte. Ora è soprattutto quest'ultimo prodotto che ne giustifica l'allevamento. È il gran successo delle mozzarelle.

Ricordo due splendide incursioni nel mondo bufalino: la prima, come ho detto, dalle parti di Latina, poi un po' più a sud, nel Salernitano, e incuriosito, ho raccolto antiche storie. Una, proveniente dal lago di Fogliano, è, o meglio era, la pesca coi bufali. Una volta all'anno una mandria di una cinquantina di animali veniva spinta in acqua a circa un chilometro dal punto dove i pescatori avevano steso una rete da sponda a sponda. I pesci, allarmati dal fronte di zoccoli che impetuoso avanzava verso di loro, fuggivano verso la rete e persino, terrorizzati, si buttavano sulle rive dove donne, ragazzi e bambini, ridendo e scherzando, li raccattavano. A completare il pittoresco acquarello partecipavano, protetti dal sole da ampi tendoni, signori in stivali e frustino, monsignori in seta e oro, dame in trine e gioielli. Era una gran festa per tutti, poveri e ricchi, che si concludeva con una merenda collettiva.

Un'altra storia ricca di fascino l'ho invece scoperta tra Paestum e Battipaglia. Una storia a suo modo musicale, propria di quando le cosiddette industrie bufaline erano assai diverse da quelle attuali. Ora, infatti, l'allevamento s'è assai modernizzato, specialmente al Nord. Gli allevatori, comunque, già da tempo tenevano libri genealogici, una volta compilandoli manualmente e poi, e da un bel po', registrando i dati al calcolatore. E ormai non c'è più nemmeno il mungitore, sostituito dalla macchina che munge. Fino a qualche decennio fa, comunque, se il mungitore ancora c'era, s'avvicinava alla mandria e faceva l'appello cantando per ogni bufala una diversa, cantilenante canzoncina. Ognuna aveva infatti la sua e, riconoscendola, spontaneamente usciva per farsi togliere il latte.

Ho copiato alcuni di quei musicali nomi propri da un vecchio registro. Quelle bufale campane si chiamavano così: «A bellina sona la tromba», «Abissinia è taliana», «A cuccagna pure fenisce», «A matassa s'è mbrugliata», «Hai venuta da lontano», «O sciafforre torna alla zappa».

Nomi evocativi che spesso contenevano anche una morale. Lo sciafforre, per esempio, era un tassista che, malauguratamente, aveva dovuto tornare zappatore. Insomma, quelle erano le antiche bufale, e un poco sono ancora così, anche se tutto sta cambiando. E la prima evoluzione ha riguardato proprio quei nomi canori che, col calcolatore, hanno dovuto essere abbreviati a poche battute. Ma, almeno per un po', se non altro in Campania c'è stata un po' di resistenza, e quello che avrebbe dovuto essere un numero è rimasto un suono, una frasetta, un concetto, un accenno canoro. Alcuni esempi: una bufala è stata battezzata «Chi to fa fa», un'altra «Ti voglio be», un'altra ancora «Aumma aumma». E ciò, lo confesso, un po' mi intenerisce ma soprattutto mi fa pensare, meglio sperare, che anche per questo le mozzarelle bufaline sono così buone. Come Carosone ci aveva insegnato, Napoli non ha ancora del tutto smesso di cantare.

Del toro solamente

Il toro è un animale specialissimo. Per esempio, quando si scrive di un animale, di solito si tratta della specie in generale: maschi, femmine, giovani; si descrive, insomma, tutta la possibile diversità sessuale, comportamentale e sociale che la specie contempla. Ve l'immaginate, d'altronde, uno scritto dedicato al solo colombo maschio? Sarebbe impensabile. Eppure per il toro è possibile e sono qui a dimostrarlo. Tanto per cominciare, e riferendomi al colombo, l'avete notata la differenza? Nel suo caso, se vogliamo definire di che sesso stiamo parlando dobbiamo, al nome specifico, aggiungere un'altra parola: maschio o, in alternativa, femmina. E questo vale per quasi tutti gli animali. Esiste però un piccolo numero di specie dove, per maschio e femmina, s'usano nomi distinti: leone e leonessa, stallone e giumenta, gallo e gallina. E, appunto, toro e mucca, o vacca che dir si voglia. Ebbene, significherà pur qualcosa questa differenza.

Cominciamo subito col dire che negli animali di quest'ultima categoria sempre s'evidenzia un marcato dimorfismo sessuale. Maschio e femmina, cioè, sono a vedersi assai diversi. Distinguere un leone da una leonessa è ben più facile che non un maschio da una femmina di tigre. Ma è sufficiente per guadagnarsi un nome diverso a seconda del sesso? Sembrerebbe di no, almeno se si pensa alla strepitosa differenza che c'è tra il maschio e la femmina di pavone, che pure non ci son riusciti. Credo, pertanto, che serva qualcos'altro e che si tratti di questo: un'antica, costante, importante frequentazione con la specie umana. Tale da far sviluppare nella nostra mente pensieri e ruoli simbolici capaci di concretizzare, in questi specialissimi animali, una sorta di seconda vita. Una vita che s'origina sì nella nostra mente ma che, poi, fa recitare loro, in quella reale, ruoli altrimenti inconsueti. Un intreccio tra natura e cultura, quasi esistesse un ponte tra la realtà vera, quella della biologia e dell'evoluzione, e quella immaginaria che agisce nel nostro teatro mentale. Ebbene, il toro non solo appartiene a questa inquietante categoria, ma credo proprio che sia, tra tutti, il più straordinario.

Il più antico contatto tra il toro e l'uomo avvenne allo stato di natura. Il toro era la preda, l'uomo il cacciatore. Una preda immensa, minacciosa e terrifica. Gli uomini, però, agivano in gruppo. Sapevano, molto rischiando, sopraffarlo. Abbiamo, di quel toro selvaggio chiamato Uro (*Bos primigenius*), ora estinto, una splendida documentazione rappresentata dai realistici dipinti rinvenuti in tante grotte dell'età della pietra, in particolare in quella di Lascaux (Francia meridionale). Esiste poi un'iconografia più recente. Ricordo per il suo fascino arcano la cosiddetta «figura di Uro di Augusta (Augsburg)», dipinta su legno da un ignoto artista del XVI secolo e l'impressionante incisione apparsa nel primo trattato moderno di zoologia, la *Historia Animalium* di Konrad Gesner, pubblicata a Zurigo nel 1555. Infine abbiamo un paio di curiose descrizioni scritte. Una è nientemeno che un passo del *De Bello Gallico*: «La terza specie è quella dei cosiddetti Uri. Questi sono per grandezza inferiori agli elefanti; per aspetto, colore e figura, sono tori. Posseggono grande forza e grande agilità, e non risparmiano né l'uomo né l'animale che avvistano. I germani amano prenderli in trappola e ucciderli. Tale fatica e tale caccia servono ai giovani per indurirsi ed esercitarsi, e quelli che ne uccidono di più mostrano poi le corna in pubblico come prova e ne ricevono gran lode». L'altra descrizione è di Isidoro di Siviglia, vissuto nel VII secolo d.C.: «Gli Uri sono bovini selvatici, talmente forti da poter sollevare con le corna alberi e finanche guerrieri armati. Il loro nome deriva dal greco *Oros*, che significa montagna».

I progenitori selvatici del toro, abbiamo visto, non esistono più e questo è il rendiconto delle ultimissime fasi della loro scomparsa. Nella foresta di Jaktorow, in Polonia, nel 1599 il numero di Uri sopravvissuti era di ventiquattro, nel 1602 ne restavano soltanto quattro, dei quali l'ultimo morì nel 1627. E fu la fine della specie allo stato selvatico. Poi però, nella prima metà del secolo scorso, Lutz e Heinz Heck fecero, negli zoo di Berlino e di Monaco, un peculiare esercizio di ricostruzione. Partendo da ben ragionati incroci selezionarono affascinanti animali che, ovviamente, non erano né potevano essere dei veri Uri ma che regalavano la sensazione, specie incontrandoli nelle loro foreste originali, d'essere ritornati ai tempi in cui la specie faceva ancora parte della locale biodiversità.

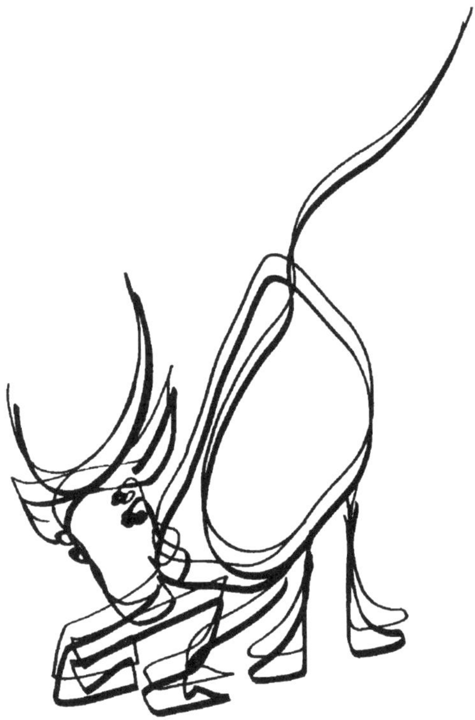

A ogni modo, per comprendere l'effettiva personalità dell'Uro, e quindi del toro, occorre riprendere il discorso del dimorfismo. E sarà opportuno precisare un fatto. Se attualmente osserviamo l'immagine di una mucca e di un toro non troviamo, strutturalmente, poi tanta differenza. È vero, il toro è più robusto e ha un atteggiamento più fiero, ma volete mettere, per esempio, l'eclatante dimorfismo dei già citati pavoni? Ebbene, con l'Uro non era così. Quel toro selvaggio era molto più grande e pesante della sua femmina. Diciamo dieci quintali contro cinque o sei. Il dimorfismo perciò c'era tutto, ed era del tipo, per intenderci, di quello dei leoni marini: grandi maschi, femmine minute. Insomma, il toro è per natura un poligamo (per l'esattezza un poliginico), il che vuol dire che ogni maschio che si riproduce ha a disposizione un piccolo harem. Considerando che le popolazioni naturali sono composte metà di maschi e metà di femmine, risulta che buona parte dei maschi in natura viene esclusa dalla riproduzione. Innesca, ciò, una competizione sessuale che privilegia i maschi più aggressivi e potenti. Insomma, è il sistema riproduttivo che fa sì che i tori siano massicci, pericolosi, poco sociali. Per niente inclini, in definitiva, a venire sottomessi.

Questo l'uomo lo capì subito e ne trasse le dovute conseguenze. La meritata fama d'indomabilità accompagnò il toro durante tutta la lunga avventura della sua vita in domesticità, dai primitivi stazzi del Neolitico fino all'ultimissimo prodotto, il primo esemplare clonato della storia della biologia, quel Galileo nato a Cremona non molti anni fa. Da allora a oggi sono trascorsi circa settemila anni, e in tutto questo tempo il toro non ha fatto che recitare ruoli simbolici legati alle due sue principali caratteristiche, la notevole potenzialità riproduttiva e l'indomita aggressività.

Il toro è un animale assai fecondo. Lo è per sua natura in quanto poliginico e l'addomesticamento ha rafforzato questa sua caratteristica. Già il toro domestico tradizionale aveva a sua disposizione un numero di femmine superiore a quello medio dell'harem naturale, ma poi le invenzioni biotecnologiche, prima fra tutte quella della raccolta del seme e dell'inseminazione artificiale, gli hanno regalato potenzialità riproduttive altrimenti inimmaginabili, scavalcanti sia lo spazio che il tempo. Lo sperma di un toro può infatti viaggiare (e fecondare) da un continente all'altro e inoltre essere ancora attivo molti anni dopo la morte dell'animale stesso. Ebbene, pare che uno dei motivi che spinsero l'uomo primitivo a addomesticare i bovini vada ricercato nel culto della dea Luna, praticato dai primi agricoltori. La luna era considerata simbolo della fertilità dei campi e le corna semilunate del toro erano ritenute simbolo della dea, alla quale gli animali venivano sacrificati. Ma tali e tanti sono i riti, antichi e moderni, che occorrerebbe un grosso trattato per descriverli tutti. Non rinuncio però a ricordare, facendo un gran balzo temporale, che, verso la fine degli anni Settanta, per l'inaugurazione di una biennale di Venezia, un artista di nome Antonio Paradiso organizzò, per simboleggiare il rapporto tra natura e artificio tecnologico, il congiungimento tra una mucca meccanica e un toro vero. L'artista, com'era prevedibile, venne prontamente denunciato dall'Ente Zoofilo.

E come almeno non citare il Minotauro, le divinità egizie dalla testa taurina, il sacro toro Api e il culto e i riti legati al toro dell'isola di Creta? E poi le tante e diverse tauromachie, dalle circensi della Roma antica fino all'attuale ispanica corrida. In queste rappresentazioni sempre altamente ritualizzate il toro senza eccezione faceva, e ancora fa, la parte ingrata e simbolica della forza bruta e irriflessa e ciò, oltre tutto, fa fastidiosamente assumere al crudele spettacolo un quanto mai discutibile valore etico e culturale. E lo stesso potrebbe dirsi sia per l'antica tradizione andina del combattimento rituale tra un (povero) condor e un (altrettanto povero) toro sia, ma entro limiti più modesti, per il rodeo nordamericano. Anche se, pur non avendone assolutamente l'eleganza, questa rozza competizione probabilmente un poco s'avvicina ai (quelli sì raffinati) volteggiamenti sulla groppa del toro dei già citati riti di Creta. Non possiamo, infine, dimenticare l'esistenza di razze canine da combattimento che significativamente includono nel loro composito nome la parola toro (bull), come il bull-dog, il bull-mastif, il bull-terrier. Ecco allora cosa intendo quando parlo di intreccio tra biologia e cultura, oltretutto scoprendo nel toro la vera vittima della nostra crudeltà e, insieme, della sua dannata ma prorompente valenza simbolica.

Io non so quante storie ho scordato, so però come voglio finire. Appartengo alla generazione del Grande Torino. Sono stato uno di quei ragazzini che sapevano a memoria la storica formazione: Bacigalupo, Ballarin, Maroso... Erano calciatori, son diventati un mito. E ho, fin da allora, imparato la leggenda del toro che, mentre s'abbeverava nel fiume Eridano, venne squarciato a morte, per interposta persona (Fetonte), da Zeus. Dal suo sangue, si narrava, nacque una popolazione paziente e laboriosa ma anche guerriera: i Taurini. E il Toro fu, da sempre e per sempre, il loro simbolo. Sarà anche per ciò che penso che, al mondo, non esista animale più simbolico del toro.

I mustang

Se penso ai cavalli selvaggi delle praterie nordamericane, i mustang, mi s'affollano nella mente tante immagini diverse, tutte bellissime. Un vero intreccio di storia naturale e culturale. Paleontologia, evoluzione e addomesticamento da un lato, scene da film western, tipo *Ombre rosse*, dall'altro, con i cavalli unicolore dei cowboys e quelli pezzati degli indiani. Erano un mito quei cavalli, per noi ragazzi di una volta. Proprio così, la storia dei mustang è davvero un cocktail: puoi trovare insieme gente come Charles Darwin (i fossili, l'evoluzione, l'addomesticamento, il successivo inselvatichimento) e John Ford (il cinema, il vecchio West, l'epopea dei pionieri). Eppure la storia non si riassume tutta in queste immagini, in queste persone, perché non si può trascurare la figura di Cortéz, il conquistatore che portò quei cavalli in America, con i guerrieri montati in sella e interpretati dai nativi, ingenui e stupefatti, come mitici centauri. Anzi, a ben pensarci, avrebbe dovuto essere proprio lui, Hernán Cortéz, il primo personaggio da evocare.

È proprio vero: occorre darsi un ordine se si vuole parlare dei mustang. Occorre, soprattutto, decidere da dove partire, perché la loro è una storia lunghissima, come sempre avviene con quelle, almeno parzialmente, naturali. Ebbene, io lo so da dove partirò: dal più lontano possibile, da quando i cavalli avevano ancora le dita. È, d'altronde, l'unica partenza utile se si vuol comprendere fino in fondo i mustang. Solo così, infatti, si può percepire – e non è cosa da poco – che, quando sbarcarono nel Nuovo Mondo, grosso modo cinque secoli fa, il loro non fu altro che un ritorno. La storia evolutiva degli equidi, infatti, almeno di quelli che sono giunti fino a noi, è stata quasi esclusivamente americana, a partire dal più primitivo, l'eocenico *Hyracotherium*, per arrivare fino all'attuale *Equus*, il cavallo moderno. Temporalmente attraversando, si capisce, i numerosi cavallini fossili ancora un po' provvisti, ma sempre meno, di residue dita. Il *Mesohippus*, il *Parahippus*, il *Merychippus*, tanto per fare qualche nome. Fu dall'America che il cavallo conquistò, in epoca recente, l'Eurasia. Lo fece superando quell'essenziale ponte di terra rappresentato dalla nordica regione di Beringia, poi scomparsa all'incirca quindicimila anni fa. Infine, qualche migliaio d'anni dopo, nella sua patria d'origine il cavallo s'estinse.

Così, insomma, quando sbarcò in America portato dai conquistadores spagnoli, per lui fu, in definitiva, una rimpatriata. E furono proprio quei destrieri spagnoli, arabi o andalusi o berberi, focosi e splendidi, dalla criniera al vento, dal collo armoniosamente arcuato, scalpitanti, il ceppo base, l'originario, dei primi mustang. Cavalli, a voler essere pignoli, erroneamente detti selvaggi: assai meglio sarebbe definirli rinselvatichiti.

Dopo migliaia d'anni d'ininterrotta selezione artificiale, cioè umana, ecco così, grazie a quello sbarco di conquista, presentarsi nuovamente per questa specie l'occasione straordinaria di venire, di nuovo, forgiata dalla selezione naturale. Il che significa molto. Quando infatti un animale, dopo un periodo di domesticità, torna a vivere nella natura, succede qualcosa di speciale. Ciò perché l'uomo, attraverso la selezione detta artificiale, costruisce sempre degli esseri in funzione di una qualche sua necessità. Li plasma, li cambia. Li rende rapidi se devono correre veloci, straordinariamente potenti se la loro funzione è invece di trascinare carri pesanti; li costruisce grandi o piccoli, snelli oppure tozzi. Il meccanismo in sintesi è questo: l'uomo, sulla base di sue necessità, si prefigura dei modelli mentali, poi, generazione dopo generazione, quei modelli li scolpisce nel vivo a colpi di selezione fino a farli aderire sempre più a quelli che, nel parlar comune, vengono definiti gli standard delle razze. Ma ecco che, se per accidente questi prodotti in qualche modo artificiali ce la fanno a sfuggire al controllo umano, allora un'altra forza prende il sopravvento, e insieme un'altra logica: quella primordiale della selezione naturale. Fu precisamente ciò che accadde quando una parte di quei destrieri ispanici riuscì, nelle grandi praterie nordamericane, a riacquisire la libertà.

Questo è il vero significato di rinselvatichimento: un ritorno alla natura e alle sue leggi. E se il patrimonio genetico originario fu quello dei cavalli dei conquistadores, a esso nel tempo si aggiunsero altri geni, quelli dei pesanti cavalli normanni e della Frisia che duramente sgobbarono per la costruzione della mitica strada ferrata che doveva congiungere le due coste, i due oceani. E di tanti altri ancora, perché ogni gruppo di coloni d'abitudine preferiva, talora solo per nostalgia, portarsi dietro i cavalli delle sue terre d'origine. È stato dunque patrimonio genetico ampio e diversificato, una biodiversità ricca, quella su cui poté, nel tempo, lavorare la selezione naturale per rifabbricare animali che, come unica funzione, avevano quella della sopravvivenza. Il raggiungimento di un adattamento quanto più possibile calibrato per quell'ambiente insieme nuovo e antico.

Ecco, questi sono i veri mustang: cavalli non più domestici ma nemmeno completamente selvatici perché, comunque, portano scritte dentro, indelebilmente, le tracce di una storia di selezione artificiale. Esseri che ci raccontano di una natura riconquistata, d'una emancipazione che li riportò alle primitive abitudini. L'innata sapienza di sfuggire ai predatori, quali puma, lupi e orsi e, insieme, la felicità delle libere corse, dei pascoli infiniti, della socialità delle giumente, delle lotte degli stalloni, dei giochi dei puledri. Insomma: la compiuta bellezza della vita naturale.

E, a proposito di questa bellezza, esiste un modo straordinario, per noi umani, per fruirne al massimo. Vengono infatti organizzati, per chi sa cavalcare, degli appositi giri turistici (*horseback riding tours*) che consentono di galoppare in mezzo «a quegli esseri che rappresentano lo spirito del West americano meglio di qualsiasi altro simbolo si possa immaginare».

I mustang, però (e forse dovrei scrivere purtroppo), non sono solo questo. La loro storia è ancor più complessa. Che avrei nominato a fare, altrimenti, gli indiani e i cowboys? L'uomo rispunta sempre, infatti. Da un lato quello autoctono, l'amerindo con le sue tante etnie, che fece dolorosamente ripercorrere al cavallo da poco inselvatichito la storia dura di una nuova doma, d'un rinnovato processo di addomesticamento. Quei «pellerossa» che, grazie alle nuovissime e insperate cavalcature, mutarono completamente, di molto migliorandolo, il loro stile di vita, proprio come accadde, millenni prima, quando, nelle steppe dell'Asia centrale, il cavallo venne addomesticato per la prima volta. Dall'altro troviamo gli «uomini bianchi», gli ex europei che, dopo averli emancipati, continuamente prelevarono dai mustang i soggetti adatti per fabbricarsi le loro nuove razze americane: il Quarter Horse, il Morgan, l'American Saddle Bred, il Tennessee Walker, l'Appaloosa, il Buckskin... tante altre ancora. Esiste persino una razza denominata Spanish Mustang, che si ritiene originata esclusivamente dai primi arrivati, i cavalli dei conquistadores. Una razza domestica che, paradossalmente, s'illude di rappresentare un mito come quello dei mustang attraverso uno standard codificato e togliendo spazio alla selezione naturale.

E poi altri uomini, altri interessi: i coloni, allevatori e agricoltori, che nelle mandrie di mustang videro soltanto dei competitori, per importanti risorse, dei loro armenti, dei loro coltivi. Li classificarono, perciò, come «nocivi». Così le popolazioni di mustang, che all'inizio del secolo scorso erano rappresentate da due milioni abbondanti di individui, vennero progressivamente e crudelmente decimate, a un punto tale che, nel 1971, quando ormai di quei cavalli ne erano rimaste solo poche decine di migliaia, il Congresso degli Stati Uniti opportunamente approvò una legge (*Wild Free-Roaming Horse and Burro Act*) mirata alla loro conservazione. E meno male: se così non fosse stato, gli ultimi mustang sarebbero tutti finiti nelle scatolette di mangime per cani e per gatti.

Ormai, comunque, quei cavalli selvaggi, seppure tenuti sotto controllo numerico, vengono, e giustamente, considerati, oltre che un ornamento, un simbolo della natura americana. Felicemente prosperano soprattutto nelle grandi aree protette. Di loro l'America va fiera. E tante sono anche le associazioni protezioniste che specificamente se ne occupano. Di loro e dei loro cugini dalle lunghe orecchie, quegli asini (burros) che, seppure in modo decisamente meno appariscente, nel Nuovo Mondo percorsero un analogo tragitto. Esiste inoltre, e funziona bene, un programma, denominato *Adopt-A-Horse*, che si occupa di assegnare in affidamento gli animali in eccesso ai privati, pur riservandosi, il governo americano, una simbolica proprietà.

Il falco della regina

Secondo il «Piano d'azione nazionale per il falco della regina (*Falco eleonorae*)» redatto nel 2007 da Fernando Spina e Giovanni Leonardi dell'Istituto per la Fauna Selvatica, di questi falchi strani, e proprio per ciò straordinariamente affascinanti, quelli che ancora nidificano in Italia dovrebbero essere all'incirca un migliaio o poco più, tutti distribuiti tra la Sardegna (Orosei, S. Pietro e S. Antioco) e la Sicilia (Eolie e Pelagie).

Un migliaio di individui, se anche si trattasse di rapaci normali, non sarebbe comunque un che, ma ciò che soprattutto mette a rischio i falchi della regina è, come spiegherò, la diversità del loro stile di vita. Prima però di approfondire questo, che è l'aspetto centrale, è pure interessante raccontare perché quel falco si chiama così. I suoi due nomi infatti, quello scientifico e quello volgare, seppure in modo diverso sempre rimandano a quella Eleonora di Arborea che, nel XIV secolo, comandò su ampie zone della Sardegna. Una donna indubbiamente straordinaria che, tra le sue tante imprese, ebbe anche la forza e la capacità, nel 1392, di promulgare un codice del diritto pubblico e privato, la «Carta de Logu» e, con quasi incredibile preveggenza, di inserirvi specifici divieti di caccia ai falchi e agli astori. Giusto è dunque che la sua lungimiranza sia stata premiata attribuendo il suo nome al falco più bello e più rappresentativo della sua terra. Il falco, appunto, della regina.

Rapace che interessa molto gli etologi per una sua rara peculiarità: è un falco sociale, un falco che preda in gruppo. Ed è curioso apprendere che fu proprio questa sua caratteristica a regalargli, in un passato ormai lontano, una pessima fama. Era l'epoca in cui i rapaci, altrimenti considerati nocivi, l'uomo se li prendeva al suo servizio. Il pellegrino, per esempio, da temuto competitore e dunque nocivo veniva di colpo trasformato in un essere pregiato se appena veniva inquadrato nell'ottica della falconeria. Ebbene, per quello della regina ciò non poteva accadere. Spicca infatti per la sua assenza nel *De arte venandi con avibus* di Federico II. È, addirittura, tacciato di codardia nel celeberrimo trattato secentesco di Charles d'Arcussia de Capre. «Quel falco» è scritto «non ci sa fare, è un buono a nulla. Insegue sì gli uccelli, ma poi non ha il coraggio di catturarli.»

Interpretazione quanto mai antropomorfica o, se vogliamo, pura maldicenza. Ben diversa è infatti la verità, e basta armarsi di un buon binocolo e recarsi dove agisce una colonia per rendersene conto. E sarà un'esperienza bellissima seguire le storie sociali e sessuali di quegli uccelli, ma soprattutto le loro acrobazie predatorie e le altrettanto acrobatiche fughe delle loro innumeri prede.

I falchi della regina sono, come già ho anticipato, gente coloniale. Mentre però le femmine, nei nidi arroccati su rocce in riva al mare, si dedicano alla prole, i maschi, taluni color lavagna, altri più chiari e di color marrone, è facile scoprirli impegnati in una inconsueta predazione collettiva. Tutti i falchi, come è ben noto, sanno stare fermi nell'aria. Sanno cioè così bene calibrare la spinta propulsoria, ottenuta con piccoli battiti d'ala, col vento contrario che vanno a contrastare, da rimanere come magicamente sospesi. E nel caso di quelli della regina anche cento e più maschi possono «galleggiare» insieme, fermi nel vento che spira e distribuiti a formare una sorta di trasparente muraglia larga più di un chilometro e altissima, talora fino a quasi mille metri.

E loro se ne stanno lì, fermi nel cielo, ad aspettare il passo dei piccoli uccelli migratori: averle, verdoni, cutrettole, tordi, cuculi, upupe, quaglie e tanti altri. E questi dovranno tentare di sfuggire sfrecciando tra l'uno e l'altro falco. Ben pochi però sono così veloci da attraversare indenni le maglie di questa rete. I rondoni, tanto per fare un esempio, lo sanno fare. Per tutti gli altri sarà invece, sempre e comunque, un duro pedaggio da pagare.

È sì vero che le prede hanno evoluto una loro strategia abbastanza efficace, consistente nel lasciarsi precipitare giù, in voli precipitosi, pazzi e disorientanti. Ma se riusciranno a sfuggire al primo impatto, difficile è che ce la facciano sempre, perché appena più sotto ci sarà un altro falco, e poi un altro ancora. La persecuzione continuerà fino al pelo dell'acqua, ove le prede residue giungeranno impaurite, stanche e offuscate nei loro riflessi. E l'ultimo falco le catturerà.

Una strategia cooperativa, dunque, quella dei falchi della regina. Ciò spiega perché non possano servire per la falconeria. E spiega anche come il loro essere sociali e coloniali renda più ardua ogni azione volta a proteggerli. Lo stare infatti in tanti insieme concentrati in pochi siti li rende molto vulnerabili. Inoltre questi rapaci, se non sono in molti, non ce la fanno proprio a sopravvivere.

Coincidendo il tempo della predazione collettiva con quello delle migrazioni dei piccoli uccelli, i falchi della regina, stranamente ma logicamente, si riproducono in un periodo inconsueto, tra agosto e settembre. È allora infatti che possono disporre della massima ricchezza alimentare. Per il resto dell'anno, poi, s'assiste a uno strano cambiamento d'abitudini. Smettono di cacciare uccelli e si dedicano, ciascuno per suo conto, all'entomofagia. E ciò avviene sia nelle regioni mediterranee, loro dimore estive, sia nei quartieri invernali, in Madagascar e nelle isole vicine.

L'aquila di Riana e Casarola

Il bird-watching cos'è? Un hobby? Una passione? Chissà, potrebbe anche essere qualcosa di più serio, di maggiormente utile. Sia come sia, in Italia, per motivi che si potrebbero dire «di ragione sociale», è materia soprattutto della LIPU, la Lega Italiana Protezione Uccelli. E un fatto è certo: i bird-watchers (l'inglese è d'obbligo data l'origine) sono sempre di più e due eventi recenti hanno portato alla ribalta proprio loro, quei signori e signore d'ogni età e stato sociale che, armati degli immancabili binocolo e taccuino, se ne vanno a spasso per boschi e prati col naso all'insù. Gente speciale, che sa di luì piccoli e di zigoli boscherecci e che su ciò discetta e dibatte con serietà. Il che, per gente non del ramo (è proprio il caso di dirlo), può sembrare almeno originale.

Ma veniamo ai fatti. Uno, sì circoscritto ma non per questo meno interessante, riguarda un'aquila che, grazie a due straordinari personaggi della LIPU, Mario Pedrelli e Michele Mendi, non solo è stata adottata dagli abitanti di due piccoli borghi montani assai peculiari ma che, col suo rapace fascino, li ha convinti, più o meno tutti, a trasformarsi in accaniti bird-watchers.

Vale la pena spendere due parole sui borghi: si chiamano Riana e Casarola e sono antichi agglomerati abbarbicati tra boschi e dirupi nel più alto e impervio Appennino parmense. La loro storia è davvero singolare perché rappresentarono la patria più intima, amatissima e costantemente frequentata sia nella vita vera che nella poesia, da Attilio Bertolucci. E non solo. Il caso ha infatti voluto che anche la scienza genetica s'occupasse di loro. Fu il nostro più illustre genetista, Luca Cavalli Sforza, che, giovane professore dell'Università di Parma, proprio su quei monti e particolarmente in quei paesi una cinquantina d'anni fa intraprese quello che poi risultò essere uno studio fondamentale per la genetica delle popolazioni umane. Così Riana e Casarola, nel mondo ristrettissimo dei genetisti di popolazione, sono più note, tanto per dire, della stessa Parma. E, per mia fortuna, io quella storia e quella ricerca le conosco bene perché, da semplice studente, accompagnavo Cavalli (per arrivare fin lassù occorreva un gippone e non poco ardimento) dandogli, per quel che potevo, una mano.

Erano posti belli e simpatica la gente. Disponibili tutti a farsi salassare e a rispondere a domande sulle loro vecchie storie familiari. Inoltre, secondo l'antica ospitale tradizione, assolutamente ci volevano a pranzo con loro. Ancora ho in mente le facce rugose e un poco ironiche dei vecchi, dalle cui labbra spuntava, garantito, il mezzo toscano, e quelle ridenti, colorite da pomelli rubizzi, dei ragazzini. E soprattutto ricordo le donne che, su tavole imbandite «della festa», offrivano piatti di tortelli d'erbette e, schive, non volevano mettersi a tavola con noi. Ora lassù molto è cambiato, ma ci son sempre, geneticamente parlando, e un po' culturalmente, i loro figli e nipoti.

L'affascinante storia dell'aquila che li ha convertiti al bird-watching (M. Pedrelli e M. Mendi, *Magia di un involo*, Terranova Edizioni, Modena 2006) racconta di un aquilotto nato, il primo dopo tanti anni, su un picco prospiciente i paesi, che fu accettato e poi perfino amato e protetto da gente che, da sempre, i rapaci li aveva visti come nocivi e perciò sparati senza pensarci due volte.

Mario e Michele, quelli della LIPU, hanno tenuto un diario accurato dello sviluppo, fino all'involo e oltre, del grosso pulcino. Hanno, parallelamente, documentato la straordinaria evoluzione culturale di quella gente che un po' per volta ha preso il gusto dell'osservazione procurandosi binocoli d'ogni tipo e acquistando perfino un paio di costosi cannocchiali. Gente che ha cominciato prima timidamente a far domande, poi a discuterne perfino al bar. All'aquilotto, di sesso femminile, i ragazzini hanno dato, dopo un dibattito scolastico, un nome assai significante: Libera. E lei è diventata la «loro aquila», il segno decisivo di un cambiamento voluto.

L'evento di Riana e Casarola, bisogna ammetterlo, avrebbe soprattutto un interesse locale, ma serve a ricordarci che, se il caso lo volesse, anche noi tutti potremmo trasformarci in birdwatchers. Il che, data la vita all'aria aperta che l'esercizio impone, ci farebbe, al minimo, guadagnare in salute. Veniamo ora, però, all'altro accadimento, decisamente di maggior rilievo, nazionale e internazionale. In tutta Europa, infatti, sono state dedicate due intere giornate a un'operazione collettiva di osservazione e censimento dei nostri uccelli stanziali e migranti. L'evento ha coinvolto ben 32 nazioni e qualcosa come 43mila persone (più di un migliaio erano italiane) piazzate negli ambienti europei di rilevante importanza ornitologica. L'operazione si ripete annualmente, e il numero dei partecipanti non fa che crescere. A organizzarla è Birdlife International, la rete di associazioni che protegge gli uccelli in cui la LIPU rappresenta l'Italia.

Una settimana dopo la raccolta dei dati (quest'ultimo anno sono stati censiti 2 milioni e mezzo di uccelli) i rappresentanti delle associazioni nazionali si incontrano per trarre, da queste e da altre informazioni, le dovute conclusioni e per diramare le direttive utili per la futura conservazione del popolo alato. L'azione coordinata a livello europeo, si capisce, è indispensabile perché gli uccelli, com'è ovvio, non hanno frontiere. Liberi come gli uccelli, si dice infatti. D'ora in avanti, volendo, si potrà anche dire: come l'aquila fortunata di Riana e Casarola.

La premiata ditta F&F

Il fratino e il fraticello sono una premiata ditta non solo per la simpatica assonanza dei loro nomi: c'è ben di più e vi spiegherò il perché. Il fratino (*Charadrius alexandrinus*) appartiene alla famiglia dei Caradridi mentre il fraticello (*Sterna albifrons*) a quella delle Sterne. Se, poi, vi venisse voglia di osservarli, è possibile incontrarli in molte spiagge e corsi di fiumi. Possibile ma, purtroppo, sempre di più improbabile, perché la loro vita è sempre più dura e lo dimostra il fatto che i due fan parte – brutta notizia – di quella «lista rossa» che elenca, graduandone il rischio, le specie nostrane in vario modo minacciate.

Prima di parlare di tristezze, però, è bene che io descriva la strana coppia. Il fratino è un piccolo piviere, un uccelletto paffuto e alto sulle zampe, sempre indaffarato a correre per la battigia in cerca di piccoli crostacei, molluschi e insetti che cattura col becco corto e sottile. Il fraticello invece è una piccola sterna slanciata e aggraziata nel volo. La sua dieta si compone di pesciolini che cattura tuffandosi in acqua. Ciò che accomuna F&F è il luogo di riproduzione: spiagge sabbiose o ghiaiose dove ogni coppia si prepara un minimo nido scavandosi una cunetta. Qui vengono deposte le uova, qui nascono e vivono i piccoli, qui le due specie si giocano il loro futuro. Qui, infine, nasce e si perpetua la loro alleanza.

La storia antica, quella naturale, ha fatto evolvere, contro i nemici naturali, due differenti strategie. I fratini lavorano individualmente. La loro difesa, quando un predatore s'avvicina, è curiosa: simulano d'avere un'ala rotta. Se una volpe, per esempio, s'avvicina al nido, un genitore subito mette in atto la sua manovra. Manda strida lamentose e, apparentemente, non riesce a sollevarsi in volo. Sembra che un'ala non lo regga. Così, malamente, tenta l'involo ma subito ricade un poco più in là. Il predatore, sperando in una facile cattura, l'insegue allontanandosi dal nido e dai piccoli. Finché – ultimo atto – l'uccello di colpo guarisce e spicca il volo, lasciando il predatore con un palmo di naso. Ora la spiegazione: il comportamento di distrazione del predatore si origina per un conflitto di motivazioni. L'uccello, quando il predatore è vicino al nido, è infatti sottoposto a due contrastanti tendenze: quella di volar via (l'autoconservazione) e quella di difendere la prole (la cura parentale). Sotto la spinta della prima spicca il volo, ma è allora che prepotente subentra la seconda, che lo fa ripiombare sul terreno, ma qui è ancora l'autoconservazione a comandare, e così via. Un susseguirsi di false partenze che termina soltanto quando il predatore s'è sufficientemente allontanato dal nido. Allora l'autoconservazione ha la meglio e il fratino finalmente se ne fugge via.

Anche le sterne sanno recitare così, ma fanno anche di meglio. S'alzano in tante in volo e, strepitando, tutte insieme attaccano il predatore con coraggiose picchiate, fino a dissuaderlo. È il cosiddetto *mobbing*. Ciò che ha reso F&F una premiata ditta è che i fratini hanno capito la convenienza del nidificare vicino ai fraticelli potendo così fruire della difesa collettiva.

La ditta però è premiata solo in situazioni naturali, mentre altre, e ben peggiori, sono le minacce attuali: spiagge affollate, ruspe che spianano tutto annullando quel mondo naturale che garantisce il perpetuarsi delle due specie. Perciò è indispensabile proteggere quel poco di natura rimasto lungo le nostre coste. E non solo per il bene di F&F, ma per le tante altre specie che hanno, come logo collettivo, la parola Biodiversità.

Lo storione

Ne *Il mulino del Po* Riccardo Bacchelli definisce lo storione «una delle ricchezze» del grande fiume. Il romanzo, come è noto, abbraccia vicende che vanno dal 1812 al 1918, ma non è necessario tornare tanto indietro nel tempo per ricordarsi di quella ricchezza. Chi, come me, ha vissuto sulla sponda del Po, a Cremona, negli scorsi anni Cinquanta, ancora ha nella memoria il carrettino che percorreva le vie cittadine offrendo a fette quell'immenso pesce. Ebbene, ormai dello storione, nel Po, non c'è più traccia. Un'estinzione, pertanto, che si localizza all'interno di una memoria, di una vita umana. Un tempo, per la biologia, inusuale, troppo fulmineo per un evento naturale.

Questo però, purtroppo, è ciò che sta accadendo, e non solo allo storione. È perciò opportuno ricordare, in primo luogo spalancando la finestra della paleontologia, che di estinzioni tante ne sono avvenute, e necessariamente. L'estinzione e l'origine di nuove specie in fin dei conti sono le regole del gioco evolutivo: si conoscono, d'altro canto, casi di estinzioni catastrofiche che decimarono, come sta avvenendo attualmente, la vita animale. L'ultima fece scomparire i dinosauri. Mai, però, tutto è successo in uno spazio temporale così ristretto, così minimo. Eppure oggi è così, e l'estrema rapidità degli accadimenti è certamente la più palese diversità di quella che viene definita come la sesta grande estinzione, la cui allarmante anomalia è senz'altro opera dell'uomo.

Torniamo ora agli storioni scomparsi «appena ieri». Di tre specie si trattava: il comune (*Acipenser sturio*), lo storione dell'Adriatico (*A. naccarii*) e il Ladano (*Huso huso*), il più grande di tutti. Gli ittiologi ne ricordano un esemplare, pescato penso in qualche fiume orientale, lungo 8,5 metri e del peso di ben 13 quintali. Pesci dunque straordinari, zoologicamente primitivi e destinati a divenire mitici, perché hanno contribuito, con la loro prepotente presenza, a plasmare le tradizioni delle genti fluviali, padane e non padane. Gli storioni hanno infatti sempre abitato nei nostri fiumi, Arno e Tevere inclusi. La loro scomparsa non è dunque solo una perdita per la biologia, ma anche per quel patrimonio di identità locali che si va sempre più affievolendo nell'appiattimento della globalizzazione.

E se gli storioni ritornassero? La domanda non rappresenta solo una speranza dettata dalla nostalgia: c'è, fortunatamente, del concreto. Esiste infatti un progetto che già comincia a marciare e che sta dando alcuni interessanti risultati. Come si può immaginare, la procedura per la reintroduzione di specie scomparse non è mai semplice, se si vuole un successo a lungo termine. Occorre un'operazione da giocarsi su più fronti, perché l'ambiente che quelle specie ha rifiutato deve, nella nuova situazione, accoglierle positivamente. Il piano, perciò, deve procedere modificando una serie di fattori che vanno dalla legislazione alla cultura umana, con adeguate opere di sensibilizzazione, a fattori più strettamente ecologici come lo stato delle acque e quell'altra accoglienza, quella non umana, e cioè di quegli animali che, nel frattempo, hanno fatto del Po, e di certi affluenti, la loro nuova patria. E un nome viene subito in mente, quello del siluro, l'immenso pescegatto che, sconsideratamente, è stato immesso nel grande fiume. A dire il vero il siluro non può venire incolpato della scomparsa dello storione, perché è arrivato quando quest'ultimo si era già praticamente estinto. Il che avvenne, ufficialmente, nel 1975. A ogni modo, ora, il siluro c'è, e bisogna tenerne conto.

È curioso rilevare (torno ancora a Bacchelli) che *Il mulino del Po* fu pubblicato nello stesso anno, il 1940, in cui Michail Aleksandrovic Solochov dava alle stampe un altro importante romanzo fluviale, *Il placido Don*. La coincidenza consente di osservare che quello era, ancora, un mondo diverso. Un mondo in cui, per parlare delle cose della natura, le specie stavano ciascuna al proprio posto: lo storione nel Po, il siluro nel Don. Poi, purtroppo, tutto s'è andato mescolando, e ora il siluro prospera in acque non sue, ed è un problema in più, per il ritorno dello storione. Il grande pescegatto, infatti, può essere una minaccia, almeno per le forme giovanili dell'autoctono storione.

È questo uno dei motivi per cui sarà soprattutto lo storione detto dell'Adriatico il primo a ritornare. Anzi, in un certo senso è già tornato (questo è uno degli eventi cui accennavo). Ma perché proprio il *naccarii*? Per svariati motivi legati alla taglia, alla resistenza a condizioni ambientali difficili, al rapido raggiungimento della maturità sessuale e, soprattutto, perché questa è, tra le tre specie, la più propensa a formare popolazioni stabili in ben definite acque dolci. Bisogna sapere, infatti, che di norma gli storioni compiono una sorta di pendolariato tra mare e acque dolci. Nei fiumi si riproducono, nel mare vanno ad accrescersi. Ma, nell'attuale situazione, la migrazione delle forme giovani potrebbe essere pericolosa, perché le costringerebbe a percorrere zone invase dai siluri. Così opportunamente s'è pensato di liberare i primi storioni in siti accoglienti, dove i siluri sono assenti o quasi, sperando in un fenomeno di stanzializzazione. L'alto Po andrebbe bene, e così il Ticino e l'Adda, ed è proprio in questi affluenti che già felicemente navigano i primi storioni ritornati. Saranno una benaugurante avanguardia? Saranno un segno o solamente un sogno?

Il pesce siluro

Di questo immenso pescegatto ho già detto qualcosa, ma ora approfondiamo l'argomento. Da qualche decennio s'aggira nei fiumi italiani un immenso pesce forestiero, comunemente detto siluro. Nel Veneto, tanto per dire, è facile incontrarlo nell'Adige, nel Bacchiglione e nel Brenta, mentre è ancora raro (ma per quanto?) nel Sile, nel Piave, nel Livenza, nel Lemene e nel Tagliamento. È comunque in continua espansione, e la storia della sua straordinaria invasione ha avuto inizio partendo dal nostro fiume più grande, il Po.

Immenso e terribile il siluro, basta pensare che si tratta d'un qualcosa simile a un pescegatto (è un suo parente) che però può misurare 3-4 metri e pesare un paio di quintali e anche più. Molto di più se ci riferiamo agli individui della massima stazza. Pare infatti che il più grande esemplare pescato (nello Dneper) raggiungesse la lunghezza di 5 metri per un peso di 306 chilogrammi. Da noi di così grandi non se ne sono ancora visti, ma di individui superiori ai 2 metri per un quintale abbondante di peso si incomincia a pescarne. D'altro canto la specie è assai longeva, potendo in qualche caso superare il mezzo secolo, e – come tutti i pesci – ad accrescimento continuo. Così, se finora di veri giganti da noi non se ne sono ancora visti, non è detto che ciò in futuro non possa avvenire.

Se, parlando del tormentato rapporto tra storione e siluro, ho scritto di mugichi e del Don per via del parallelo letterario con *Il mulino del Po*, occorre ora che specifichi che l'areale naturale dell'enorme siluride è assai più esteso. Lo si trova nelle acque dolci (laghi con fondo soffice e fiumi nei tratti a corso lento) dei bacini del Mar Nero, del Caspio e del lago d'Aral. È un notturno predone di fondo, poco mobile ma voracissimo. Secondo uno studio recente è risultato che fino a 20-25 centimetri si nutre quasi esclusivamente di crostacei e in generale di macroinvertebrati, ma crescendo diventa un ittiofago accanito e distruttivo. Si sa, a ogni modo, che da adulto, se gli capita abbocca anche anfibi, rettili, uccelli e mammiferi. Sono, questi ultimi, solitamente insettivori e roditori, ma si racconta, ammesso che sia vero, perfino di cagnolini tirati sott'acqua. A titolo d'aneddoto ricorderò – e questo è, come si dice, vero davvero – di una bagnante morsicata a una coscia nella Krumme Lanke di Berlino.

Ecco dunque che razza di cliente s'aggira nelle nostre acque interne. E ciò che è più inquietante è che sicuramente non c'è arrivato da solo. È sempre l'uomo a combinare certi guai. La storia del siluro nel Veneto inizia nei primi anni Ottanta. L'immenso pesce arriva dal Po, ma sicuramente la popolazione è stata integrata per fuoriuscita, presumibilmente durante le piene, da laghetti per la pesca sportiva. Nel lago di Fimon pare sia stato addirittura immesso volontariamente. Sia come sia, la specie è in espansione. Ha popolato, oltre ai fiumi di pianura, anche i canali consortili, passando attraverso i collegamenti tra i vari bacini idrografici.

Un brutto affare questa innaturale colonizzazione. Il siluro infatti è un predatore estraneo e prepotente e la sua presenza non era pertanto naturalmente contemplata nelle nostre comunità ittiche, composte di specie che, attraverso una lunga e comune storia evolutiva, avevano ciascuna trovato un proprio ruolo, uno proprio spazio vitale. L'arrivo del predatore foresto ha rotto ogni equilibrio e perciò le comunità autoctone sono in difficoltà. Particolarmente penalizzate sono le popolazioni di tinche e di anguille. Lo sviluppo demografico del siluro è tale che, secondo stime fatte, la specie può già rappresentare la componente principale (fino al 50-60 per cento) in termini di biomassa del popolamento ittico dei nostri fiumi e canali.

E pensare che tutto ciò è cominciato con l'ingenua intenzione di importare un nuovo grande pesce per la pesca sportiva, tenendolo però confinato in lanche e laghetti. Solo che ha fatto in fretta a sfuggire e a colonizzare il colonizzabile. Anche se la sua carne è commestibile, a noi italiani non piace granché. Comincia invece ad avere un buon mercato in alcune piazze, tra cui Roma, per popolazioni extracomunitarie che lo acquistano nei mercati rionali. Infine, soprattutto nel Po, sta diventando un affare organizzare battute a pagamento e, a quanto pare, sempre più numerosi sono gli appassionati di questo nuovo passatempo. Gente che per prendere il siluro arriva coi pullman perfino dall'estero. Non c'è che dire: il fiume dei tempi di Bacchelli, natura e cultura, è sempre più lontano. Un ricordo che è anche nostalgia, e non solo per la qualità dei pesci ma anche, purtroppo, per quella degli uomini.

TERZA PARTE

Evoluzione e adattamenti

«Una mattina ci siamo svegliati e l'evoluzione non c'era più. Non è che vi fosse stato, prima, un dibattito, una proposta, un avviso, una provocazione, anche solo uno sberleffo: guardate che adesso togliamo Darwin dai programmi delle scuole, il vecchio naturalista inglese barbuto ha i giorni contati. No, nulla di tutto ciò. Abolito, punto. E qui comincia una rocambolesca storia di provincialismo culturale.»

Cose che succedono in Italia, e che Telmo Pievani racconta nel succoso libretto *In difesa di Darwin. Piccolo bestiaro dell'antievoluzionismo all'italiana* (Bompiani, Milano 2007) che, appunto, fa la cronaca di quando, pochi anni fa, di punto in bianco la storia e la teoria dell'evoluzione furono bandite dalle nostre scuole.

Una storia che ha dell'incredibile, e siccome anch'io rimasi di sasso e, per dirla con parole civili, molto arrabbiato, così scrissi, sul mensile *Quark*, la «lettera a un bambino» che qui riporto.

Caro bambino italiano che, in questi anni di grazia (si fa per dire), frequenti le elementari o le medie inferiori, lo so che spesso leggi di natura e di animali. Lo so perché lo fanno anche i miei nipotini, che sono come te. Come a te, a loro piace scoprire i fenomeni della natura.

Ti scrivo per parlarti di una tua passione: i dinosauri. Rettili immensi, animali del passato. Conosci i nomi di molti di loro e sai certamente che sono comparsi tanti milioni di anni fa quando già c'era tanta vita sulla terra e che poi, dopo aver conquistato il mondo, si sono estinti. Prima di loro esistevano altri rettili che erano i loro antenati. Da alcuni dinosauri, forse sai pure questo, si sono originati i coccodrilli e gli uccelli. Una fantastica storia evolutiva, forse la più affascinante.

Ciò che non sai, probabilmente, è che da qualche anno i tuoi insegnanti non saranno più obbligati a parlarti d'evoluzione anche se alcuni, almeno lo spero, lo faranno ugualmente. Ebbene, l'esclusione, o quasi, dell'insegnamento dell'evoluzione dai vostri programmi mi preoccupa e cercherò di spiegarti perché.

Si parla molto, oggi, di problemi ambientali. Si desidera insegnarvi – cosa giustissima – il rispetto della biodiversità, ma per far ciò è essenziale spiegare di cosa si tratta. Ebbene, penso che sia impossibile farlo senza introdurre concetti evolutivi. Gli esseri che costituiscono la biodiversità, infatti, vivendo insieme una generazione dopo l'altra per tempi lunghissimi si sono evoluti insieme (il termine esatto è coevoluzione). Ti faccio un esempio: tanto più si raffina la strategia predatoria di un predatore, tanto più, e parallelamente, si raffina quella antipredatoria delle sue prede. L'una, in altre parole, agisce selettivamente sulle altre, e viceversa. Un esempio che ti incuriosirà: i pipistrelli rintracciano le loro prede usando una sorta di sonar. Sparano fuori, cioè, ultrasuoni. Ecco, come contromisura certe falene hanno evolutivamente acquisito, quando percepiscono queste onde ultrasonore, la capacità di lasciarsi cadere di colpo sul terreno, sfuggendo così alla predazione. Questo, vedi, significa biodiversità: organismi adattati l'uno all'altro e che perciò vivono in uno stato di equilibrio in cui è dannoso intervenire. Come si fa, però, a insegnare tutto ciò senza introdurre i concetti base sull'evoluzione? E che dire quando si parla di comportamenti maladattativi della nostra specie? Temo che, se si omette la spiegazione evolutiva, non si possano produrre altro che insegnamenti vuoti di spiegazione, insoddisfacenti. Solo penosamente moralistici.

Penso anche che sia impossibile, per lo stesso motivo, farvi capire qual è il posto dell'uomo nella natura; quali sono i rapporti di parentela che abbiamo con le altre specie, ormai ben noti grazie agli studi sul Dna. E si tratta di conoscenze assai informative (e pertanto formative) per spiegare chi siamo e quali rapporti, anche da un punto di vista etico, sia opportuno mantenere con i nostri affini, umani e non umani. In definitiva utili per comprendere il significato della diversità, il suo grande valore e la conseguente necessità di rispettarla.

Il mio discorso (tutto concentrato in una letterina) forse t'è risultato un po' difficile. So però che, se ti fosse spiegato un po' più ampiamente, soprattutto con alcuni dei tanti bellissimi esempi, come potrebbero fare i tuoi insegnanti, ti sarebbe senz'altro chiaro. E tu saresti un bambino diverso. Un bambino che sa con la ragione, non soltanto che crede.

Ora, fortunatamente, le cose sono un poco migliorate e, se non altro dal punto di vista strettamente didattico, siamo riemersi da quello che sarebbe stato un oscurantismo intollerabile.

Sia come sia, in questa mia lettera scritta, l'avrete capito, a un bambino perché un qualche adulto ascolti, c'è dentro il succo, cioè il contenuto centrale del perché tutti noi, bambini inclusi, dovremmo sapere qualcosa di evoluzione, sia essa biologica o culturale.

L'evoluzione, a ogni modo, è così importante e onnipresente che, lo noterete, non solo se ne parlerà in questa seconda parte, ma praticamente ovunque in questo libro. Non si può, effettivamente, dire di piante e d'animali, insomma di natura, senza sentire la necessità di tirarla in ballo. Lo fa da sola e questa è la sua forza.

Sempre a proposito di evoluzione mi piace infine segnalare con soddisfazione che proprio in questi giorni (gennaio 2008) l'Accademia Nazionale dei Lincei ha dedicato un assai autorevole documento atto a ribadire (evidentemente ce n'è ancora bisogno) la validità delle intuizioni darwiniane, suffragate da «una quantità gigantesca di osservazioni scientifiche, di reperti fossili, di risultati sperimentali e di considerazioni teoriche».

Evidenze nel loro complesso razionalmente incontrovertibili, ma basterebbe da sola l'universalità del codice genetico a regalarci la più schiacciante delle prove sull'esistenza di relazioni di parentela che uniscono in un'unica trama tutti i viventi. Il che vuol dire che, a partire da un materiale comune, i processi dell'evoluzione hanno nel tempo sviluppato tutte, ma proprio tutte, le «innumerevoli e meravigliose forme» di cui scriveva Darwin nella celebre chiusa de *L'origine delle specie*.

Piccoli dinosauri piumati

Inizio parlando di fossili, la prova più concreta di un'avvenuta evoluzione dei viventi. Un caso che mi ha da sempre appassionato e che rimane assai significativo è quello dei piccoli esseri piumati che vagavano per la Cina in un tempo lontano. Erano degli strani, piccoli dinosauri. Si presume fossero vivacemente colorati, forse alcuni addirittura cinguettavano. Rappresentavano una pattuglia strana e sparuta. Evolutivamente laterali, ebbero un successo immenso perché i loro nipoti ancor oggi volano per ogni cielo.

Dinosauro significa rettile terribile. Grazie al successo editoriale e cinematografico, alle avveniristiche ma credibili ricostruzioni (i «robosauri» hollywoodiani), non c'è chi non conosca la variegata gamma di specie, carnivore ed erbivore, che popolò la terra per centosessanta milioni di anni. Popolare è il tirannosauro e così l'iguanodonte. Il *Velociraptor*, grazie al film *Jurassic Park*, è il più famoso di tutti. Ebbene, quando mi recai a visitare, era il dicembre del 2001, la mostra dedicata ai piccoli dinosauri piumati, ad accoglierci all'ingresso del Museo dell'Evoluzione dell'Università di Bologna trovai proprio l'impressionante scheletro di un classico enorme dinosauro. Ad accoglierci, è vero, ma anche a ricordarci che noi visitatori non avremmo visto nient'altro di gigantesco se non lui, ma che ugualmente avremmo vissuto un'avventura straordinaria. Imparato, inoltre, un'altra storia straordinaria. Una storia scandita da un numero ancora non definibile di capitoli, cioè di tappe evolutive, di cui la prima, questo sì è certo, non poteva che essere l'*Archaeopteryx*, il più rappresentativo «anello di congiunzione» di tutta la storia evolutiva.

Inizierò dunque da lui, che pure non è un dinosauro, per introdurre quei «capitoli» che, grazie alle Università di Bologna e di Ancona, al Museo Paleontologico del Liaoning e a quello Geologico Nazionale di Pechino, furono concretamente disponibili.

Partenza obbligata l'*Archaeopteryx*, dunque. Quando nel 1861 venne scoperto, in una cava di pietra presso Solnhofen, in Baviera, solo da un paio d'anni era stata pubblicata *L'origine delle specie*. Darwin poté così parlarne in una delle ultime edizioni da lui curate. L'*Archaeopteryx* è un sorprendente miscuglio di rettile e di uccello. È grande circa come un corvo e le sue peculiarità più appariscenti sono le mandibole provviste di denti, la lunga coda da lucertola ma, fantasticamente, il suo cor-

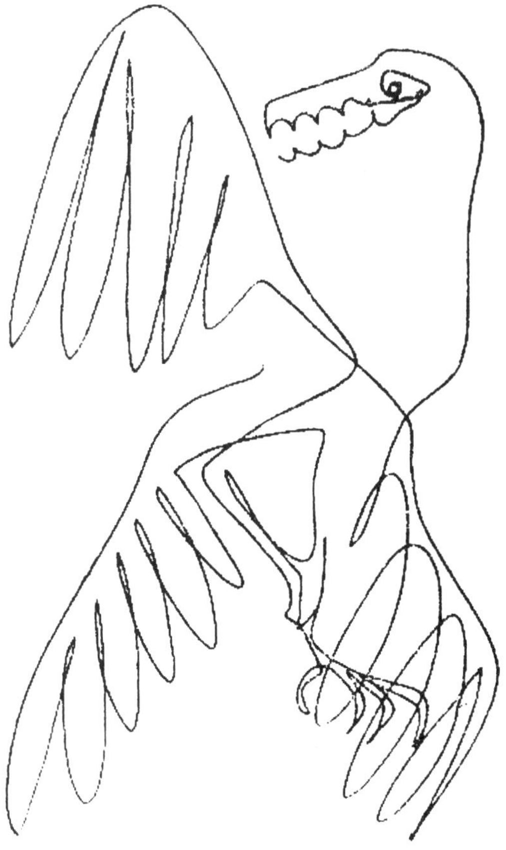

po è ricoperto da vere e proprie penne. Se ci si addentra nella sua anatomia si scopre che, per molte altre caratteristiche, è più vicino ai suoi antenati rettiliani che ai futuri nipoti ornitici, comunque, per le sue tendenze evolutive, soprattutto per la presenza fondamentale delle penne, è stato finora classificato come il rappresentante più antico della giovane classe. Interpretando certe sue strutture è inoltre possibile intuire alcune delle sue abitudini. L'alluce opponibile ci informa che viveva sugli alberi. Le scarse dimensioni del cranio, in particolare della volta posteriore, quella relativa al cervelletto, ce lo descrivono come un volatore modesto, e ciò viene anche confermato dall'assenza di uno sterno carenato e dalle ossa piene, non pneumatiche come quelle degli uccelli attuali. A rimarcare ancor più il suo ineccepibile status di «anello», c'è infine la primitività degli arti anteriori, vere ali dotate però di tre impressionanti dita artigliate.

Dev'essere stata una gran bella sorpresa, per Darwin, la scoperta dell'*Archaeopteryx*, ma quanto spazio evolutivo rimaneva da riempire tra lui e i dinosauri, cui per tanti aspetti somigliava. E quanti problemi lasciava aperti. Il principale era questo: perché certi rettili hanno potuto (funzionalmente dovuto) fabbricarsi piume e penne? Problema non indifferente se lo si vuole spiegare in termini di dinamica evolutiva. Il quesito, per la verità, non riguarda la loro provenienza in senso strettamente anatomico perché le penne, sicuramente, derivano dalle squame cornee dei rettili. Ciò che invece ignoriamo è quali siano stati i moventi (le pressioni selettive) che ne hanno determinato l'origine e l'evoluzione fino a quelle perfette strutture che sono le penne moderne, composte da un asse centrale da cui partono raggi e radioli tutti tra loro uncinati così da formare un leggerissimo ma resistente tessuto.

Non è facile infatti immaginare quale vantaggio selettivo possano avere offerto le fasi evolutive intermedie, prima cioè di essere in grado di svolgere il loro ruolo di sostegno in funzione del volo. A che potevano servire quelle «vie di mezzo»?

Così, scoperto un anello di congiunzione, subito si presenta un nuovo vuoto conoscitivo che fa avvertire la necessità di un altro anello. L'idea generale, a ogni modo, è che, quando all'improvviso compare una nuova struttura complessa, non è che compaia proprio dal nulla, ma piuttosto che si tratti del riadattamento di un qualcosa di preesistente. Ciò che classicamente vien detto un preadattamento o, per usare una terminologia più moderna (di ciò parlerò tra poco) un «exattamento», strana parola davvero.

La mostra bolognese, a ogni modo, non trattava più semplicemente di speculazioni e ipotesi, come per tanto tempo, a causa del vuoto paleontologico, ci si era dovuti accontentare. Dicevo prima dei nuovi capitoli da aggiungere alla storia. Sono simbolicamente rappresentati da alcuni splendidi fossili di dinosauri piumati, cinque piccoli capolavori di un'evoluzione in corso. Vennero rinvenuti, a far capo dagli anni Novanta, in Cina, in strati lacustri dell'epoca cretacea della regione di Liaoning. Databili intorno ai cento-centoventi milioni di anni.

Li enumero: c'è *Sinosauropteryx prima*, piccolo dinosauro carnivoro sicuramente incapace di volare, ma con squame decisamente sfrangiate a formare qualcosa di simile alle piume. C'è *Caudipteryx zoui*, bipede corridore dalla coda piumata (che avesse avuto una funzione ornamentale?). C'è *Confuciusornis sanctus*, un vero uccello dotato di becco (da questo punto di vista più evoluto di *Archaeopteryx*), con arti anteriori ancora provvisti di dita artigliate, rinvenuto in centinaia di esemplari. Sarebbe l'uccello più antico dotato di becco. C'è *Liaoxiornis delicates*, di appena sei centimetri di lunghezza, piccolo uccello (o dinosauro?) dell'era mesozoica, con penne e piume, ancora provvisto di mascelle dentate e arti anteriori artigliati. C'è infine un dinosauro dotato di piume così recente da non possedere ancora un nome scientifico, il cosiddetto dromeosauro piumato.

Questi fossili hanno viaggiato anche in Italia, accompagnati da loro realistiche ricostruzioni e inseriti in un contesto di altri esseri estinti, animali e vegetali, che rappresentano la biodiversità entro cui si sono andati evolvendo. La loro presenza ha reso possibile un'articolata lettura di quella storia naturale che è anche la nostra. Hanno regalato, al di là di ogni pur interessante discussione di carattere scientifico, un'emozione profonda, come può provocare il trovarsi di fronte, così veri, così concreti, quei piccoli esseri che, in modo diretto o collaterale, hanno dato origine a tutti i nostri uccelli, dall'aquila al pinguino, dalla rondine allo struzzo. Chi ha visitato quella mostra straordinaria sa bene quale affascinante romanzo storico possa rappresentare la narrazione, attraverso prove palpabili, di un grande episodio evolutivo.

Per tornare ai problemi scientifici, ho accennato alla necessità di immaginare, possibilmente evidenziare, quali avrebbero potuto essere le primitive funzioni che dettero origine alle piume e alle penne. Impresa difficile, soprattutto per la complessità della struttura delle penne. Quanto alle piume, infatti, che non sono altro che sfrangiature delle squame rettiliane, verosimile s'è ritenuta una loro funzione termoregolatoria, considerando che il passaggio da rettili a uccelli è caratterizzato dalla conquista di una graduale autonomia dalla temperatura dell'ambiente. Grazie alle nuove scoperte, è emersa una nuova affascinante ipotesi, valida sia per le penne che per le piume. Che, originariamente, fossero state ornamenti favorenti la scelta del partner. A suggerirla è il dimorfismo sessuale, coinvolgente il piumaggio, rinvenuto in alcune specie di piccoli dinosauri piumati.

Ultima osservazione: la conoscenza dell'evoluzione preornitica offre ormai numerose tessere distribuite in una mappa spazio-temporale. Non solo le cinesi, perché altri fossili sono stati recentemente rinvenuti in Spagna, nel Madagascar, in Argentina. Velleitario sarebbe, attualmente, il tentativo di metterli in fila, in ordine di tempo e insieme in un'ottica di progresso evolutivo, perché sappiamo che una specie comparsa prima può sopravvivere e convivere con una evolutivamente più giovane.

Dato che i paleontologi continuano a scavare, forse un giorno potremo davvero avere una sequenza di forme, ordinate temporalmente, che sappia soddisfare il desiderio di conoscere come avvenne, specie dopo specie, la transizione da un dinosauro a un uccello. O forse no, perché potrebbe anche darsi che il tragitto sia disordinatamente confuso entro una sorta di arcipelago fatto di tentativi paralleli, di retromarce e pentimenti, di nuovi tentativi e rami secchi e secondari. E all'interno di questo potrebbe risultare praticamente impossibile ripercorrere la peraltro ininterrotta via che, magari mescolando un po' le carte, ha portato agli uccelli moderni.

Ancora sui fossili: quelli di Bolca

In una valle della provincia di Verona, la Val d'Alpone, esiste un piccolo paese, quasi un villaggio, chiamato Bolca, famoso in tutto il mondo per i suoi fossili bellissimi. I pesci, i crostacei, gli insetti, le meduse, per non parlare degli altrettanto splendidi vegetali là rinvenuti, che sono esposti con grande e meritato rilievo nei più importanti musei di storia naturale, da quello di Parigi al londinese British Museum, dall'Humboldt dell'Università di Berlino al Carnegie Museum di Pittsburgh, a quelli di Edimburgo, di Sidney, di Budapest, di tante altre consimili e reputate istituzioni sparse per il mondo. Ma soprattutto sono esposti – certo i più belli, la prima scelta – nel Museo di Storia Naturale di Verona, che per antica tradizione di questi fossili si occupa. Chi volesse fare uno straordinario viaggio nel tempo e insieme nella bellezza, dovrebbe andare a visitarlo e, già che c'è, dovrebbe fare un salto anche a Bolca, 54 chilometri appena dalla città, e così arrivare, a un'altitudine di circa ottocentocinquanta metri, nelle zone dei reperti (la Pesciara, il Monte Postale, la Purga e Spilecco), dove c'è un altro bellissimo museo esclusivamente dedicato ai fossili locali.

Bolca viene giustamente definita la Pompei dell'Eocene, il che vuol dire una Pompei di circa 50 milioni di anni fa, e siccome in quell'epoca l'uomo ancora non esisteva, quella Pompei preumana un'altra storia ci racconta, quella naturale di una vita antica e diversa. Perché dove oggi è zona di Prealpi, quindi un paesaggio di media montagna, allora c'era la linea costiera di un antico mare che separò, per un lungo periodo della storia della Terra, oltre 250 milioni di anni, le zone emerse dell'emisfero settentrionale da quelle dell'emisfero meridionale. Questo mare che non c'è più viene chiamato Tetide e rappresenta, non solo per i geologi, un qualcosa che ormai ha il sapore di un mito.

Avendo negli occhi la strepitosa bellezza, zoologica e botanica, dei fossili di Bolca, verrebbe voglia di insistere soprattutto sul loro notevolissimo valore estetico. Potrebbe bastare questo, infatti, per soddisfare la maggior parte dei visitatori, che percorrendo le sale di esposizione si trovano davanti una varietà di forme di vita, per gran parte tropicale, straordinaria. Pesci d'ogni forma e dimensione, anguille, pesci ago, pesci angelo, razze, che paiono, per la qualità della fossilizzazione, davvero vivi. In taluni si riesce perfino a intuire il colore naturale e, per la fossilizzazione delle parti molli, raffinate strutture e disegni. E poi una varietà grande di invertebrati. Ricordo il fossile di una specie di aragosta, e poi granchi e meduse e vermi policheti, e infine stupendi vegetali: orchidee, foglie d'ogni tipo, leguminose, piante intere fossilizzate dalle radici al fusto alle fronde, palme gigantesche... difficile, rivedendole con gli occhi della mente, non lasciarsi prendere dall'entusiasmo.

Al di là del fatto estetico, però, tanto c'è di interessante e di istruttivo, dunque ancora di bello, perché i fossili in generale sono la migliore, la più diretta, la più concreta documentazione della storia della vita sulla Terra, del suo evolversi e del suo adattarsi alle differenti condizioni ambientali. E, nello specifico, la ricchezza dei reperti di Bolca in particolare consente la ricostruzione di complesse antichissime biodiversità. Offre cioè scenari d'ordine ecologico veramente impagabili. E pone, ovviamente, numerosi stimolanti problemi. Uno su cui hanno dibattuto a lungo i paleontologi che nel tempo si sono succeduti nel museo veronese, una scuola e una tradizione di grande e riconosciuto prestigio, riguarda il come sia avvenuta una così perfetta fossilizzazione. Per lungo tempo gli studiosi pensarono che l'intensa attività vulcanica presente nella zona durante l'Eocene fosse responsabile, con la violenza delle sue eruzioni, della morte dei pesci e della loro conservazione; ora l'ipotesi più probabile sembra essere un'altra. Un rapidissimo sviluppo di alghe microscopiche avrebbe reso improvvisamente invivibili le acque dell'antica laguna, facendo contemporaneamente morire tutti gli animali che le abitavano, sia per fenomeni di tossicità che per carenza di ossigeno.

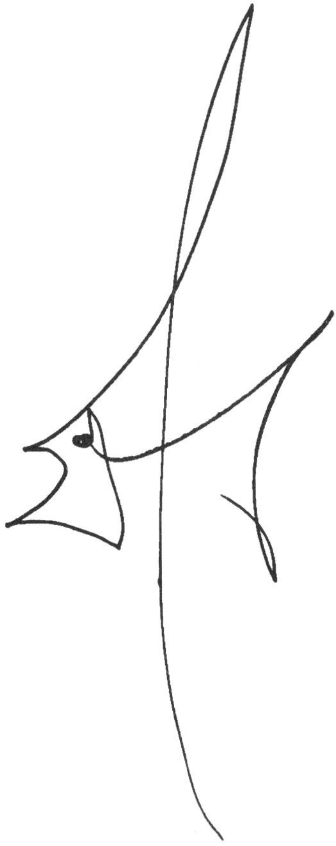

Gli straordinari reperti di Bolca, conosciuti e segnalati fin dal Cinquecento, resero quello sperduto villaggio noto e attraente già per la colta e ricca nobiltà veneta del Seicento e del

Settecento. Interesse che non ha fatto che aumentare ed estendersi nei secoli, fino a portare Bolca alla ribalta del mondo. Nel passato il «mal di Bolca» ha contagiato in modo irrimediabile semplici cavatori come Giuseppe Cerato, che ha dato origine a una dinastia di esperti estrattori ormai giunta alla quinta generazione, o intellettuali di gran mondo come Scipione Maffei e il conte Gazola; uomini d'azione come Napoleone e monarchi «burocrati» come Francesco Giuseppe d'Austria, che volle visitare Bolca e s'impegnò personalmente per arricchire le collezioni paleontologiche del Museo di Vienna.

In tempi più vicini a noi, ha coinvolto appassionati che vanno dai ragazzi delle scuole, ai turisti domenicali, al re Gustavo Adolfo di Svezia, a qualificati ricercatori scientifici delle istituzioni culturali al più alto livello culturale.

A Bolca le ricerche sul campo fervono ancora, proficuamente come sempre, e gli scavi non fanno che regalare alla scienza nuovi e sorprendenti reperti.

Stasi evolutive, gradualismo, saltazionismo, preadattamento e così via

Le tartarughine della Florida che vediamo nei negozi di animali sono tutte bambine, allevate in fattorie per esportarle nel mondo consumista, che poi le brucia come fossero cose. La stragrande maggioranza infatti non raggiungerà mai la mole di mamma e papà: morrà assai prima, piano piano come i rettili sanno fare così bene. Saranno uccise, le piccole, le belle, dai parassiti, dal freddo, dal cibo inadeguato, dall'incuria insomma, o dall'ignoranza, di chi le ha comperate. Tra le residue, molte verrano poi, per noia, lasciate libere in una natura che non è la loro. E sarà un guaio anche quello.

Una volta le catturavano con grandi retate in natura, poi, siccome la specie ne risultava minacciata, hanno pensato di allevarle. Così ora la specie è salva, e salvo insieme anche il commercio. Non si salvano invece quei poveri individui condannati a una morte lenta, né l'educazione naturalistica di chi, per ignoranza, li compra.

Potrei anche dirvi, sempre a proposito di tartarughe, delle immense testuggini marine. Se, mentre siete immersi nell'acqua, le vedeste mentre stanno nuotando, direste: volano. Volano pacate, determinate, automatiche nel liquido azzurro come i grandi uccelli migratori fanno sopra di loro, nel cielo. E anch'esse sono torturate e minacciate dall'uomo.

E potrei dirvi dell'altro e dell'altro ancora, ma c'è una storia, una storia evolutiva, che sovrasta tutto questo. Per me dire testudinati (le tartarughe in genere) significa, infatti, soprattutto stasi evolutiva. Vuole dire, più semplicemente, animali che hanno smesso di evolversi. Animali che forse non sanno più adattarsi.

Dev'essere così. I rettili erano, ragionando sui tempi geologici, comparsi da poco quando s'è andata sviluppando la «novità evolutiva» di quella cornea e ossea corazza. Una grande invenzione, avvenuta ben più di duecento milioni di anni fa. Una volta rinchiusesi lì dentro, però, le tartarughe sono diventate conservatrici. Da allora, praticamente, non si sono mosse più. Qualche passetto – è vero – l'hanno anche fatto. Per esempio qualche forma di fossile, tra le più antiche, aveva ancora i denti, che poi pian piano sono andati persi, perché le attuali hanno tutte una specie di becco. Le tartarughe antiche, inoltre, non sapevano ritrarre la testa nella corazza, mentre le attuali, incurvando il collo a S, lo sanno fare. Si tratta, a ogni modo, di robetta, se si considera che nel frattempo si sono evoluti gli altri rettili, gli uccelli, i primi mammiferi, e da questi ultimi si sono originate forme così diverse come i pipistrelli, le giraffe, le balene, i primati, tanto per dirne alcune. Loro, intanto, tartarughe erano e tartarughe sono rimaste.

È questa la stasi evolutiva, anche se poi una stasi totale in realtà non è perché qualche passetto, appunto, i testudinati l'han sempre fatto. E questa cosiddetta stasi, probabilmente, nasconde una reale impossibilità di fare nuovi concreti passi avanti. Perciò le specie di tartarughe, dal Triassico in cui sono comparse, vanno, come numero di specie, progressivamente diminuendo. La loro specialità, il guscio, sui tempi lunghi è forse una trappola mortale. La loro stirpe un binario morto, per l'evoluzione.

È molto istruttiva questa storia evolutiva. A me ha insegnato, insieme a tante altre, che l'evoluzione viaggia (se viaggia) con differenti velocità. Può andare così adagio da sembrare ferma o correre moltissimo. Può avere sbalzi, accelerate e repentine frenate. Perfino marce indietro. Dipende, quasi sempre, dalle mutevoli pressioni della selezione naturale. Dipende, qualche volta, da un nuovo utilizzo di qualcosa che già c'era ma che serviva ad altro. Quasi fosse un'invenzione, come avvenne per la vescica natatoria dei pesci che si trasformò in polmone, spalancando davanti ai vertebrati divenuti per ciò terrestri un nuovo mondo da conquistare.

L'evoluzione, che in definitiva è un fenomeno unitario, ha però tante facce, tante frecce al suo arco.

Ricordo che quando, negli anni Settanta, Niles Eldredge e Stephen Jay Gould proposero il cosiddetto saltazionismo, rimasi perplesso. Sostenevano, i due grandi paleontologi, che le piccole modificazioni graduali non portavano da nessuna parte e che l'evoluzione non poteva realizzarsi con la gradualità ma soltanto con salti repentini. Esistevano, secondo loro, lunghi periodi di equilibrio punteggiati da periodi brevi ma di grande cambiamento. Quanto alla lunghezza, occorre intendersi, perché per i paleontologi breve significa magari mezzo milione di anni. Il che è un tempo effettivamente breve se lo si confronta con le centinaia di milioni di anni, i miliardi di anni, con cui si misurano i tempi e gli eventi evolutivi.

I saltazionisti, pertanto, affermavano la necessità di salti evolutivi per il realizzarsi di eventi evolutivi di un certo rilievo e ciò innescò una guerra fratricida con i cosiddetti gradualisti. Questi, a loro volta, seppero mostrare esempi consistenti ove il gradualismo davvero funzionava. Il bello è che nessuno dei due schieramenti si sognò mai, per un bel po' di tempo, che entrambi potessero avere ragione, come in effetti finalmente compresero, perché l'evoluzione può essere sia graduale che saltellante. Gradualismo e saltazionismo altro non sono che due modalità dello stesso processo evolutivo perché, gratta gratta, sotto c'è sempre lo stesso meccanismo di mutazione-selezione-adattamenti che, in fin dei conti, Darwin aveva già intuito all'inizio di tutto.

Ci voleva poi tanto a capirlo fin da subito? Il fatto è, temo, che agli scienziati piace sempre moltissimo inventare nuove teorie, nuove spiegazioni e, soprattutto, nuovi nomi possibilmente astrusi. È così, oltretutto (ma questa senza dubbio è una malignità), che si raggiunge la gloria. Se non altro una bella visibilità.

Sempre a proposito di nuovi nomi che, purtroppo, non spiegano niente di nuovo, ho prima accennato alla vescica natatoria dei pesci che s'è evoluta nel polmone, o meglio nei polmoni, dei vertebrati terrestri. Una storia evolutiva straordinaria che dimostra come un organo idrostatico, appunto la vescica natatoria, possa trasformarsi in uno respiratorio. E tutto avviene perché alcune strutture preesistenti hanno reso possibile il cambiamento di funzione. Concretamente: la vescica natatoria era già, fin da subito, ben vascolarizzata, ed è da questa vascolarizzazione che ha potuto prendere origine, in certi pesci, la nuova funzione. Insomma, prima un grande salto (da vescica a polmone primitivo, quello degli anfibi), poi una serie minuta di progressivi aggiustamenti, che si possono ammirare (il che è qualcosa di più del semplice vedere) studiando l'anatomia comparata a partire dai pesci per arrivare ai mammiferi. Bene, queste strutture che, come la vescica natatoria, possiedono al loro interno queste, chiamiamole così, possibilità evolutive basate sul cambiamento di funzione, da molto tempo vengono chiamate (il mio ricordo va indietro almeno agli anni Cinquanta-Sessanta) preadattamenti. Ciò, intendiamoci bene, non in senso finalistico, ma semplicemente per sottolineare l'esistenza di un «qualcosa che potrebbe anche funzionare per fare qualcos'altro». Poi, un bel giorno, ma questa è storia più recente, assisto a una conferenza e sento parlare di una scoperta nuova, denominata in inglese (in realtà in americano) *exaptation* e faticosamente tradotta in italiano con il veramente orribile exattamento, e ora eccovi la spiegazione letterale della cosiddetta nuova scoperta: «Gli exattamenti (o *exaptations*) sono dunque quei caratteri nati con una certa funzione e opportunisticamente cooptati per una funzione diversa nel corso dell'evoluzione» (Gould, Vrba 1982; Vrba, Gould 1986). Cioè: né più né meno che i vecchi e cari preadattamenti dell'altrettanto vecchia, cara e purtroppo attualmente un po' troppo trascurata anatomia comparata.

Arvicole mono e poligamiche: a far la differenza basta un gene

Considerato che nel mio precedente libro *Nella mente degli animali* ho raccontato che alcuni scienziati americani qualche anno fa dimostrarono, con le armi raffinate della scienza, che i topolini delle case pensano, mi prendo ora una licenza un po' poetica (dato l'argomento) e attribuisco quella stessa capacità anche ai topolini di campagna, altrimenti noti come arvicole. Ed è proprio per ciò che, a modo mio, ho raffigurato un arzillo maschietto campagnolo che, col suo fumetto, pensa, godendosela tutta, a un ipotetico harem composto di cinque femminelle.

Fantasie, d'accordo. È come se, per gioco, avessi scambiato un topo vero, oltretutto campagnolo, per un Mickey Mouse che, come esprime la sua nuvoletta-pensiero, si immagina concupito contemporaneamente da ben cinque Minnie. Tutte, già che ci siamo, disneyanamente smorfiosette.

C'è però, ed è qui che comincia il discorso serio, un esperimento, opera di un gruppo di ricercatori statunitensi coordinato da Miranda M. Lim della Emory University di Atlanta (Georgia) che porta un contributo interessante su un quesito che, volendo, interessa anche noi umani. Questo: perché certe specie hanno scelto la monogamia invece della poligamia, o addirittura della promiscuità sessuale? L'esperimento in questione è facilmente comprensibile e lo riassumo a grandi linee.

Una specie di topo campagnolo che abita il Sud degli Stati Uniti (*Microtus ochrogaster*) è monogama; un'altra, che vive un po' più a nord (*M. pennsylvanicus*), è invece poligama o, per meglio dire, poliginica (un maschio associato a un gruppo di femmine). Ebbene, modificando l'espressione di un certo gene, così da renderlo simile a quello della specie monogama, quei ricercatori hanno ottenuta la conversione alla monogamia anche dei maschi poliginici dell'altra. Il gene, per la cronaca, è quello influenzante i recettori della vasopressina e della dopamina, ormoni che sono risultati avere un ruolo centrale nel comportamento sociale e sessuale.

Ecco dunque compreso come una specie può evolversi da uno stile sessuale all'altro con il coinvolgimento d'un unico gene. Eppure, se si vuol fare un discorso generale, non è neppure questo il punto di maggior interesse. L'esperimento ci illustra infatti come un poligamo può evolversi in un monogamo (e ovviamente viceversa), ma non ci dice perché, in natura, ciò avviene. Il che a mio parere è la domanda, nell'ottica evolutiva e degli adattamenti, ancor più interessante. Il perché infatti non riguarda la genetica e la biologia molecolare. Occorre, per rispondere a questo quesito, un approccio diverso: quello dell'ecologia comportamentale.

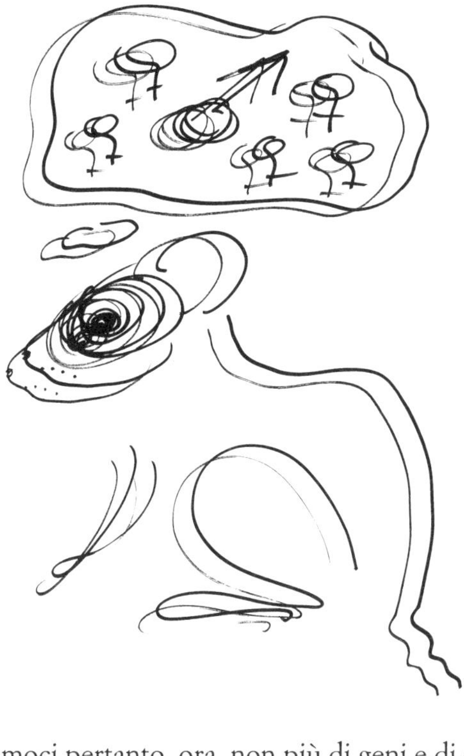

Occupiamoci pertanto, ora, non più di geni e di ormoni, ma di ambiente e di organismi. È noto che tra maschi e femmine esiste un conflitto d'interessi originato da una loro fondamentale differenza. I maschi producono in quantità industriali piccolissimi gameti, gli spermatozoi, energeticamente poco costosi;

le femmine invece producono, in numero ben più limitato, uova, gameti di dimensioni assai maggiori ed energeticamente molto dispendiose. Risulta che, mentre per un maschio, che investe poco per ogni accoppiamento, la strategia riproduttiva più conveniente è quella di fecondare un gran numero di femmine, per la femmina, che invece investe molto, è più conveniente essere selettiva prima di accoppiarsi e, una volta fatta una scelta oculata, restare aggrappata a quella. E questo non è che l'inizio del conflitto, perché non sono rari i casi in cui la femmina spende ancor di più. Cito come esempio il frequente caso in cui è costretta, dopo l'accoppiamento, a una prolungata gravidanza, cui segue un periodo d'allattamento. Sbagliare scelta costerebbe moltissimo.

Detto ciò, una soluzione soddisfacente del conflitto potrebbe essere la poliginia, che se da un lato consente ai maschi una buona dose d'accoppiamenti con femmine diverse, dall'altro permette a queste ultime di esercitare una scelta oculata per poi concentrarsi intorno ai maschi migliori. La realtà, però, non è così semplice. D'altro canto conosciamo, oltre a specie monogame e poliginiche, anche quelle poliandriche (una femmina con più maschi) e quelle veramente promiscue. Il fatto è che c'è un altro fattore da considerare, il contesto ambientale. Così se torniamo, per chiudere il discorso, alle nostre arvicole, scopriamo che, nella specie monogama, perché l'allevamento della prole vada a buon fine, è indispensabile la presenza a tempo pieno del padre, mentre ciò non è vero per quella poliginica. Volendo generalizzare, la conclusione è che ogni specie s'è evolutivamente calibrato uno stile di vita sessuale confacente con le condizioni ambientali in cui deve vivere.

In quest'ottica la nostra specie è eccezionale perché culturalmente ha evoluto differenti e contrapposti stili sessuali. Monogamia, poliginia e poliandria, perfino promiscuità, sono varianti tutte rappresentate nella nostra specie, pur con frequenze diverse. D'altro canto la nostra è una specie cosmopolita che s'è culturalmente adattata, nello spazio e nel tempo, a differenti contesti ambientali e sociali. Quanto alla genetica, certo per noi conta meno, ma non è detto che non conti niente. Sarebbe interessante indagare se, a livello individuale, gli uomini più inclini alla monogamia portano una variante genetica simile a quella dell'arvicola monogama, mentre i cosiddetti Casanova «indossano» la variante opposta.

Indizi sull'origine della proboscide

Tutti conoscono la proboscide degli elefanti. Non tutti, forse, sanno quel che può fare. È come uno straordinario braccio snodabile terminante con una sorta di mano prensile. E siccome, in origine, era un naso poi progressivamente allungatosi e a cui s'è fuso il labbro superiore, la proboscide continua a svolgere l'antica funzione olfattiva e respiratoria. È divenuta, però, un organo mobile, forte e raffinato insieme. Sa raccogliere delicatamente da terra una moneta ma pure sollevare carichi pesanti.

La domanda è: come ha potuto un organo respiratorio e olfattivo evolversi fino a divenire un quinto arto, così diverso, oltre tutto, dagli altri quattro, che si potrebbero definire, data la taglia dei pachidermi, colonne atte alla deambulazione e niente più?

Esiste un'ipotesi nuova sull'origine della proboscide, recentemente suggerita da John B. West dell'Università della California, San Diego. Sarebbe stata un ex boccaglio, cioè una sorta di tubo mobile utile per respirare mentre si è sott'acqua. Il che sottintende che, in tempi lontani, gli antenati degli elefanti fossero ben più acquatici degli attuali, che comunque nell'acqua ancora sguazzano volentieri. E in non poche occasioni usano la proboscide come boccaglio. Un uso secondario, a ogni modo.

L'ipotesi resta comunque piuttosto azzardata, ma c'è un interessante indizio a favore. Un caso di analogia, che poi significa di somiglianza non dovuta a parentela. È ora giunto il momento di presentare un animale praticamente sconosciuto: il desman (*Desmana moschata*), un insettivoro, fate conto un toporagno, che vive nei corsi d'acqua nelle regioni del Volga, del Don, dello Dnjepr e dell'Ob. Un piccolo essere che spende la maggior parte del suo tempo immerso. Ebbene, il desman è la vivente testimonianza che un naso può effettivamente evolvere in una proboscide dalla esclusiva funzione di boccaglio.

Una divertente abitudine di questi elusivi insettivori è quella di nuotare in gruppo sommersi tenendo fuori dall'acqua solo la punta della proboscide. È allora possibile scoprire una grande quantità di piccoli corpi natanti, di cui riesce difficile spiegare la natura. Ebbene, altro non sono che le punte dei loro nasi.

Per tanti motivi, non ultimo il fatto che si tratta di una specie in estinzione, i desman non li ha visti quasi nessuno, ma un'occasione per conoscerli l'abbiamo avuta perché sono comparsi in un documentario di *Superquark*, dove si è trattato degli adattamenti dei mammiferi all'ambiente acqueo. E c'è da dire che, come sempre in questi casi, mille parole non valgono un'immagine. Quando si tratta, cioè, di comprendere il comportamento animale.

Il caso dell'origine della proboscide, che mette insieme l'immenso elefante e il minimo desman, è utile per comprendere come certe somiglianze non dovute a parentela possano offrire utili informazioni sui tragitti che hanno portato al formarsi di certi organi e/o di certe abitudini. Il fatto è che quando animali diversi, vivendo nello stesso ambiente, sono sottoposti alle medesime pressioni selettive, tendono a somigliarsi, talora in modo sorprendente. Si chiama, il processo, convergenza evolutiva e il caso più noto è quello dei delfini che, mammiferi adattati compiutamente all'ambiente acqueo, hanno assunto la forma idrodinamica dei pesci.

Il mondo della zoologia è pieno di analogie. In Australia, per esempio, esistono scoiattoli volanti marsupiali che sono praticamente identici a quelli placentati, che invece sono roditori. Stessa duplicatura cutanea che unisce gli arti anteriori a quelli posteriori, stesso modo di veleggiare tra gli alberi. Fa meraviglia pensare che due storie evolutive totalmente indipendenti abbiano potuto portare praticamente al medesimo risultato.

Singolare anche la somiglianza tra lo squalo balena e le balene vere che, al di là dell'analogo aspetto esteriore, nutrendosi di plancton hanno in parallelo evoluto funzionalmente simili apparati filtranti.

Ultimo esempio il caso dei duetti, canti di coppia personalizzati usati da molti uccelli che, vivendo nel folto della foresta o essendo notturni, non possono tenersi in contatto visivamente. Non solo il fenomeno compare tra specie ornitiche assai distanti, come averle e rapaci notturni, ma anche in primati monogami come i gibboni.

Adattamento acustico all'ambiente urbano

La natura non è silenziosa. Nelle gole montane ulula il vento, mentre mormora tra le fronde dei boschi. C'è poi il ritmico sciacquio dell'acqua sulla spiaggia o il suo rombo tumultuoso quando precipita in un torrente. Si tratta, in ogni caso, di luoghi variamente abitati: tra le gole volano il nibbio e il pellegrino, nel bosco predano la civetta e l'allocco, sul bagnasciuga nidificano il fratino e il fraticello, mentre dentro e fuori quell'acqua torrentizia spende la sua vita anfibia il merlo acquaiolo. E tutti devono tener conto dei rumori ambientali perché la loro sessualità, o più in generale la loro socialità, in pratica la loro vita, almeno in parte si basa sulla comunicazione acustica. Tanto per dire: il torrente è rumoroso? Il merlo acquaiolo ha evoluto una segnaletica fatta di note pure e di trilli che, quello scrosciare, egregiamente scavalcano. E ciò è vero non solo per la gente alata, ma per ogni essere emettente e ricevente segnali acustici.

La regola vale per tutti: se c'è rumore di fondo il messaggio deve, comunque, passare.

Il che, del resto, è perfino semplice in una situazione naturale, perché ogni specie, nei tempi lunghi dell'evoluzione biologica, s'è andata adattando al suo ambiente. Possiede, perciò, una bioacustica appropriata. Non è così, però, quando una specie decide di colonizzare un ambiente estraneo, come sarebbe una città.

C'è in primo luogo da tener conto delle differenti qualità di rumori, da quello del traffico (motori, strombazzamenti, frenate) a quello prodotto dagli stadi (incontri sportivi, concerti o altre adunate più o meno oceaniche), a quello dei lavori stradali. E via esemplificando. Rumori che, spesso, sono caratterizzati da peculiari periodicità.

Ebbene, come se la cavano gli animali? Una prima risposta adattativa fa riferimento a una vecchia regola generale, il cosiddetto «effetto Lombard», dimostrato per la nostra specie già nel lontano 1911, quando un medico, appunto E. Lombard, evidenziò che gli esseri umani, tanto più c'è rumore di fondo, tanto più, inconsapevolmente (un automatismo), alzano il volume della voce. E qualcuno, un po' malignamente, potrebbe commentare: bella scoperta! Non è così, invece, soprattutto se si dimostra che l'effetto è ben più generale. Sappiamo infatti, ormai, che riguarda diverse specie di mammiferi (è stato sperimentalmente provato nella piccola scimmia sudamericana *Callithrix jacchus*) e di uccelli, tra cui diamanti mandarini (*Taeniopygia guttata*) e pappagallini ondulati (*Melopsittacus undulatus*) e, soprattutto, usignoli (*Luscinia megarhynchos*). Quelli urbani, è stato scoperto, tanto più nel loro ambiente c'è rumore e tanto più «alzano il volume» dei loro melodiosi vocalizzi.

Un'altra caratteristica del suono che può venir modificata nell'ambiente urbano è la frequenza. Le cinciallegre della città olandese di Leiden, per esempio, producono suoni con frequenze più o meno alte a seconda se vivono in quartieri con alto o basso rumore di fondo. Ma la cosa più notevole è che perfino certi anfibi (*Rana rostandi*, *R. blandfordii* e *R. liebigii*) e addirittura certi insetti sono in grado di modificare le frequenze delle emissioni acustiche in funzione dello scavalcamento dei rumori di fondo.

Il fenomeno è, a ogni modo, complesso e articolato. E non c'è da stupirsi se si considera quante e quanto diverse sono le specie inurbate. C'è ancora molto da scoprire sulla bioacustica urbana. Accenno solo ad alcuni problemi che si stanno studiando. Uno è quello delle analogie strutturali tra ambienti naturali e artificiali, con convergenza dei disturbi acustici e, naturalmente, delle soluzioni raggiunte dalle varie specie. Affascinante al proposito è l'analogia tra i veri canyon e i cosiddetti canyon urbani, strade con edifici alti e dalle superfici riflettenti i suoni. Strutture in ogni caso caratterizzate da fastidiosi effetti eco. Altro problema è il dispendio energetico: quanto costa modificare il proprio sistema comunicativo? E quanto incide sull'efficienza riproduttiva? Infine: dato che città rumorose esistono da tempo, è ipotizzabile un effetto selettivo sugli animali che le abitano? C'è qualche indizio, al proposito, e non ci sarebbe poi tanto da meravigliarsi se i gechi cittadini, quei piccoli sauri «canterini» frequenti anche da noi, risultassero bioacusticamente un po' diversi dai loro cugini di campagna.

Anticipazioni rettiliane

Quando abitavo a Parma era uno spettacolo consueto, dalla finestra del mio studio, che dava sul torrente (la Parma voladora), la camminata in carovana di mamma germana seguita dal codazzo dei suoi pigolanti paperini. Nel cuore dell'estate, quando l'acqua si faceva sempre più scarsa fino a ridursi a poche pozze sparse qua e là, era per tutti loro indispensabile trasferirsi dall'una all'altra e, siccome i pulcini ancora non sapevano volare, assistevo a quegli esodi estenuanti, a quelle faticose camminate sotto il sole martellante. La mamma davanti e loro dietro, in gruppo. Era il risultato più appariscente dell'imprinting quell'ostinato seguire, quell'attaccamento alla madre garanzia di sopravvivenza per tutta la nidiata. Così, quando mi capitò di vedere esattamente la stessa trasmigrazione messa in scena questa volta da una mamma caimana e dalla sua nidiata, sono rimasto davvero stupefatto.

Si era in Sudamerica, ma la situazione era la medesima. C'era sempre un fiume in secca, c'erano pozze lontane tra loro, e poi lei, la caimana, che camminava lenta e decisa, e loro, i caimanetti, una decina o forse più, in schiera a seguirla. E, come non bastasse, anch'essi pigolavano, esattamente come i paperini.

Che splendida analogia, d'acchito mi dissi, ma mi corressi subito. No, quella non era analogia, cioè semplice somiglianza: era probabilmente un'omologia quella marcia faticosa, cioè il segno di una parentela, perché gli uccelli e i coccodrilli vengon giù tutti, evolutivamente, dai dinosauri.

Fa sempre un certo effetto, in ogni modo, scoprire nei rettili più evoluti raffinate cure parentali. Dai nidi costruiti nella sabbia o con alghe fermentanti da coccodrilli, alligatori e caimani fino alla delicatezza con cui quelle madri raccolgono nelle loro terribili fauci i fragili neonati per poi liberarli in acque sicure. E la comunicazione acustica tra madre e figli, oppure lo scambio di segnali tra questi ultimi. Comunicazione che inizia quando i rettili bambini ancora si trovano nelle uova e che, come in certi uccelli, ha la funzione di sincronizzare perfettamente e assai utilmente le schiuse.

Così, facendo un gran balzo temporale, mi viene ora da pensare al comportamento parentale dei dinosauri, di cui qualcosa sappiamo. Penso soprattutto a quel nido di *Psittacosaurus*, un dinosauro dal becco a pappagallo (d'onde il nome) vissuto nel Nordovest della Cina più di cento milioni d'anni fa. Il nido venne scoperto realisticamente bloccato, come in una preistorica Pompei, da un'eruzione vulcanica, con al suo interno i cuccioli stretti attorno a un adulto che, suppongono gli studiosi, amorevolmente li accudiva e li proteggeva. Forse quei piccoli, come i loro attuali pronipoti, pigolavano. Forse, già allora, andavano prendendo forma quelle capacità affettive che siamo soliti riconoscere come sempre presenti solo in uccelli e mammiferi.

E poi c'è Ciro, il cucciolo del dinosauro *Scipionyx samniticus* rinvenuto assai ben fossilizzato tra i monti del Matese, nel Sannio in provincia di Benevento. Il profilo del cranio del giovane dinosauro produce, a chi si occupa di etologia, una certa impressione per la notevole bombatura delle ossa frontali. Si tratterebbe, se la lettura è corretta, di un classico segnale infantile. Un segnale che, almeno in uccelli e mammiferi, ha la funzione di evocare nei genitori le cure parentali.

Certo è che, con i fossili, van più di moda le ipotesi che le certezze, il prudente «verosimile» che l'azzardato «vero». Soprattutto se l'argomento è il comportamento. C'è però da osservare che, quando gli animali producono un limitato numero di figli, diventa poi essenziale che s'occupino di loro, e questo sembrerebbe essere il caso anche di molti dinosauri.

Granchi e gabbiani in città

Pochi lo sanno, ma esistono anche i granchi d'acqua dolce. In Italia abbiamo, e il nome dice tutto, il *Potamon fluviatile*, un bel crostaceo di discrete dimensioni che ancora sopravvive in qualche corso d'acqua dalla Sicilia alla Toscana, forse anche più a nord. È una specie, purtroppo, sempre più rara, in forte declino. Quel granchio, a ogni modo, posso dire di conoscerlo piuttosto bene, e da parecchi anni. Da quando, cioè, mi venne presentato da Marco Vannini, un etologo fiorentino che ne studiava il comportamento sia in laboratorio che in natura. Da quando, anche, a quel singolare animale dedicammo un bel documentario. Ebbene, l'ho recentemente ritrovato, e con grande stupore, in uno degli ultimi convegni dell'Unione Zoologica Italiana, perché in quella sede tre zoologi dell'Università di Roma 3, Massimiliano Scalici, Daniele Macale e Giancarlo Gibertini hanno comunicato una scoperta abbastanza sensazionale: quel granchio vive, in pieno centro storico, nella città di Roma.

A mezza via tra il Quirinale e il Campidoglio c'è quella bella valle, percorsa da tributari minori del Tevere, che contiene i Fori Imperiali. È proprio in quella zona, soprattutto quella dei Mercati Traianei, che vive una popolazione di *Potamon fluviatile*. La scoperta è recente e, da allora, quei granchi sono stati intensamente studiati.

La loro vita di animali metropolitani, confrontata con quella naturale, è ovviamente assai diversa. A cominciare dalla frequentazione dei tanti gatti, ratti, gabbiani e colombi, che a volte fanno le parti dei predatori (almeno certe specie) mentre altre volte fanno, una volta morti, quella di preziosi resti alimentari. C'è poi la speciale rete idrica con la sua canalizzazione artificiale così diversa dai corsi d'acqua naturali; c'è, infine, l'illuminazione notturna e, volendo, potrei continuare elencando altre ovvie diversità. Insomma, quell'urbana popolazione di crostacei, oltretutto completamente isolata, dà chiari segnali d'aver preso una strada evolutiva tutta sua, e il segno più evidente, a quel che sembra, è di stare sviluppando una certa dose di gigantismo.

Il caso dei granchi romani è interessante e prezioso per la conservazione della specie. S'inquadra, oltre tutto, in un fenomeno generale, e cioè che, in questo mondo spesso così ecologicamente disturbato, le città, con le loro speciali ecologie, possono fornire a tante specie appetibili nicchie. Proprio per ciò aumentano, anno dopo anno, i cosiddetti «clandestini in città». Gente che ormai sta meglio tra quattro mura piuttosto che in una natura più matrigna che madre.

Aveva destato interesse, qualche anno fa, la scoperta delle volpi che, grazie soprattutto alle risorse messe a disposizione dai cassonetti e dai loro derivati biologici (per esempio fiorenti popolazioni di ratti), ormai frequentano normalmente le nostre città. Altro caso recente è quello dei gabbiani reali che hanno preso a riprodursi sui tetti delle case. Racconto quanto sta avvenendo a Venezia, anch'essa, come Roma, forse anche più, città decisamente peculiare.

Gabbiani a Venezia ne abbiamo sempre visti. Da qualche anno, però, alcune coppie di reali hanno cominciato a riprodursi in centro storico. Il motivo di questa definitiva colonizzazione è il solito: risorse abbondanti e pochi pericoli. Così, a cominciare dall'anno duemila, un numero crescente di coppie ha preso a fare il nido su tetti e comignoli. Cecilia Soldatini, ricercatrice veneziana, conosce questi uccelli uno per uno e tutta la loro prole è stata provvista di anelli di riconoscimento. Ebbene, ciò che è interessante in questa minipopolazione è che tante abitudini, sia sociali che alimentari, sono cambiate proprio per adeguarsi allo stile di vita. Faccio due esempi. Il primo riguarda la socialità. Nelle colonie naturali la nidificazione avviene mantenendo una piccola ma funzionale distanza (un metro e mezzo o due) tra un nido e l'altro; se voi invece guardate la distribuzione dei nidi sulla mappa di Venezia, notate come la distanza tra i nidi sia enormemente aumentata (centinaia di metri). Che si sia persa ogni socialità? Si direbbe di no, anche per la persistenza dei fenomeni di altruismo (le sentinelle che fanno la guardia). È come, soltanto, se la colonia si fosse diluita nello spazio, come se, in un certo senso, fosse esplosa, ed è probabile che sia proprio l'assenza di predatori naturali ad aver consentito l'allargamento degli spazi. L'altro esempio riguarda la comparsa dell'abitudine, trasmessa culturalmente, di predare i colombi, ormai diffusissima in città, e di cui è stato possibile seguire lo sviluppo nel tempo.

Insomma, le città del futuro non solo saranno sempre più umanamente multietniche, saranno anche multirazziali (gli animali domestici) e multispecifiche (quelli selvatici).

Giochi inattesi

Che certi mammiferi giochino è noto da tempo. Chi non s'è mai divertito col proprio cane, tirandogli un bastone o una pallina, o facendo rotolare un gomitolo davanti a un gattino? E giocano pure certi uccelli. Esemplari e splendide sono le giocose evoluzione aeree delle aquile nel corteggiamento. Ora però il confine s'allarga perché possediamo una buona documentazione visiva riguardante anche un rettile, il varano del Nilo *Varanus niloticus* e, sorprendentemente, anche un insetto, la vespa cartonaia *Polistes dominulus*.

La dimostrazione che un rettile possa giocare ci viene da un etologo che da decenni si occupa di rettili e di comportamento ludico: Gordon Burghardt dell'Università del Tennessee a Knoxville. Lo conosco fin dagli anni Settanta, quando dimostrò in serpenti e tartarughe che una sorta di imprinting influenza le loro preferenze alimentari. Poi, negli anni Ottanta, cominciò a interrogarsi sulla origine evolutiva del gioco. Pubblicò un'ipotesi detta «del surplus energetico» e consistente in questo: le corse scatenate e altri comportamenti apparentemente immotivati di tanti giovani, dai vitelli ai pulcini dei polli domestici, sarebbero direttamente influenzati e dipendenti da vincoli energetici. Questi animali, semplicemente, giocano perché sono ben nutriti e protetti dalle cure parentali. Un'estensione piuttosto logica del concetto fu poi che in cattività pure gli adulti, in questo caso anch'essi ben nutriti e protetti, possono manifestare, se appena ne hanno la tendenza, comportamenti ludici. Giocano, in definitiva, molto di più che in natura, dove ovviamente hanno ben altro a cui pensare.

Ora – dicevo – possediamo un'eccellente documentazione filmata sui varani che, in cattività, giocano con palline e altri oggetti. Con una pallina, tanto per dire, si divertono a farla correre con colpi di muso, e ce n'è uno che ha perfino imparato a fare, con una zampa anteriore, una sorta di colpo di tacco che la spara all'indietro, proprio come fanno i calciatori. Ho studiato bene queste immagini (che sono state proposte nella edizione 2007 di *Superquark*) e conosco il pensiero di Burghardt: in generale i rettili per motivi metabolici sono meno portati a giocare dei vertebrati a sangue caldo, i varani però, in quanto predatori assai attivi, hanno un metabolismo più efficiente e anche un'intelligenza superiore. Perciò, se si mettono nelle condizioni adatte per nutrizione e temperatura, diventano ludici. In un'ottica evolutiva, pertanto, se è vero che in natura il gioco è solo di uccelli e mammiferi, già qualcosa, scavando bene, è possibile evidenziarlo anche al livello rettiliano.

I comportamenti giocosi sono tanti e diversi perché rispondono a differenti funzioni. Conosciamo i giochi sociali, per lo più lotte e inseguimenti, che insegnano ai giovani come si vive in gruppo; quelli di predazione, utili in previsione della caccia; giochi di esplorazione, che producono una miglior conoscenza e dunque un miglior uso dell'ambiente. Ci sono infine i giochi di movimento, come corse e salti, che sviluppano armoniosamente i muscoli. C'è però, a unificarli tutti, il fatto che comunque chi gioca si diverte a farlo. Il gioco, si dice, è sempre autorimunerante. È questo il premio immediato per le «specie giocose».

Ed ora c'è, sorprendente, la scoperta dell'etologo fiorentino Stefano Turillazzi e dei pisani Leonardo Dapporto ed Elisabetta Palagi, dove si dimostra, con innegabile perizia e competenza, che anche le vespe cartonaie si dedicano ad attività che, almeno all'apparenza, altro non sono che competizioni giocose, preludio al formarsi delle gerarchie caratterizzanti la vita adulta di questi insetti sociali. Ma una cosa è certa: questo per ora unico gioco entomologico è, evidentemente, tutto un altro fenomeno rispetto ai giochi dei vertebrati. Ci racconta infatti di un differente e separato tragitto evolutivo ed è semmai una storia parallela, un'analogia. Un fatto comunque è indiscutibile: molto ancora c'è da scoprire nel mondo misterioso del comportamento animale. Le sorprese sicuramente non ci mancheranno.

Origine ed evoluzione della comunicazione

Non c'è azione che, se qualcuno, umano o non umano, è presente e la osserva o comunque la percepisce, non comunichi qualcosa. Esempio: se il mio cane vede che sto mangiando subito si avvicina interessato e fa la sua tipica faccia d'accattone cui, tra l'altro, non si può resistere. Insomma, al di là del contenuto primario, ogni comportamento convoglia anche qualche informazione. Del resto l'hanno ben capito i cacciatori, che hanno inventato gli zimbelli per usarli come richiami visivi. Ne parlerò, in seguito, dettagliatamente. A ogni modo le anitre scorgono, in uno specchio d'acqua, alcune loro simili che galleggiano tranquille e deducono che quello è un posto adatto per fermarsi. Vero è che, poverette, se le loro simili sono «sculture galleggianti», ci rimettono le penne. Ma questa è, come si dice, un'altra storia.

Che ogni comportamento sia anche, in modo generico, un messaggio, non vuol però dire che ci troviamo di fronte a un'effettiva comunicazione ogni volta che un animale fa qualcosa. La comunicazione animale è ben più specifica e raffinata. Per dire ancora dei cani, pensate all'effetto che il richiamo odoroso di ogni femmina in estro fa, anche a considerevole distanza, su ogni maschio. Il fatto è che ogni comportamento che si evolve in comunicazione si raffina, si perfeziona per rispondere appieno alle nuove funzioni. Subisce, insomma, vari tipi di trasformazioni.

Devo, a proposito di trasformazioni, parlare della ritualizzazione, perché sta spesso in questo fenomeno la transizione da non-messaggio a messaggio. È, la ritualizzazione, un'evoluzione del comportamento che lo rende più evidente e leggibile. Può avvenire con la ripetizione o il rallentamento di qualche sua parte, con una sottolineatura sonora o colorata, con l'eliminazione, anche, di parti prive di valore comunicativo. Insomma, se un comportamento diviene messaggio ovviamente cambia funzione e cambiano, pertanto, le pressioni selettive che lo modellano. Ben se ne accorsero i primi etologi raffrontando la vera toelettatura delle penne dell'ala con quella rituale, che in molte anatre è parte integrante del corteggiamento maschile. Le movenze in questo caso sono stereotipate e, inoltre, a rimarcarne l'effetto, sono comparsi ritmici suoni o penne colorate o, addirittura, atteggiamenti «surgelati», come se l'animale volesse mettersi in mostra. Il che, tra l'altro, è proprio quello che fa.

Ho nominato finora segnali visivi e acustici, i più comuni. Voglio però, se non altro per dar seguito all'iniziale «comunque la percepisce», dire anche di casi coinvolgenti altri mezzi e altre sensibilità. Il primo riguarda i pesci cosiddetti elettrici, come il gimnoto e la torpedine. I loro organi elettrici sono paragonabili a pile voltaiche. Ogni piastra è innervata e l'intero complesso ha un proprio centro nervoso nel cervello. In origine le scariche servivano (e ancora servono) per scoraggiare i predatori o per paralizzare le prede, ma poi è avvenuta la ritualizzazione. L'opportunità di possedere un organo emettente elettricità ha cioè fatto evolvere le primitive scariche, in origine potenti e monotoniche, trasformandole in un sistema di comunicazione. Nelle interazioni sociali i pesci elettrici emettono infatti scariche deboli modulate così da convogliare differenti significati, dalla minaccia aggressiva al corteggiamento.

Un altro caso interessante riguarda quegli insettucci che si muovono sull'acqua sfruttando la tensione superficiale. Notissima è l'idrometra (*Hydrometra stagnorum*), ma ce ne sono tanti altri, perfino marini. Ebbene, oltre che camminare sul pelo dell'acqua questi insetti parlano, se così si può dire, usando delle conseguenze della loro speciale deambulazione. Sparano cioè onde concentriche e ritmiche ed è un po' come se telegrafassero. Ben noti sono i messaggi di corteggiamento. Il maschio emette onde stuzzicando l'acqua col secondo paio di arti, ventitré-ventiquattro onde al secondo, e la femmina, se ci sta, risponde. Ed è l'inizio di un amore. Seguono poi altri messaggi, per esempio quello che il maschio telegrafa, quando le uova sono state deposte, per tenere lontani gli altri maschi, e che ha un ritmo più lento, nove-tredici onde al secondo.

Detto quanto ho detto, risulta chiaro che il linguaggio umano possa essere inquadrato in un panorama ben più generale di quanto normalmente avvenga. E ciò perché, spesso volentieri, quando parliamo di linguaggio, ci riferiamo esclusivamente a quello umano. Chiaro è, però, che si potrebbe in utilissima alternativa, usare una definizione zoologica allargata e proprio per ciò onnicomprensiva: il linguaggio cioè inteso come mezzo, a tutto campo, per lo scambio sociale di informazioni. E si tratterebbe di una definizione operativamente assai utile, perché ampliante in modo straordinario la visuale del fenomeno includendovi da un lato le principali forme, anche le più primitive, della comunicazione animale, mentre dall'altro potrebbe proiettarsi nel futuro tecnologicamente più avanzato considerando in ultima analisi perfino linguaggi come quelli di internet, di e-mail e di newsgroup. E chissà cosa ci regalerà il futuro.

Ciò che, in un'ottica naturalistica, rende particolarmente affascinante questa impostazione allargata è il poter cogliere la continuità degli eventi. Leggere cioè il linguaggio come un unico fenomeno naturale in perenne divenire. Il linguaggio risulta così essere effettivamente un fenomeno evolutivo, travalicante la nostra specie, entro il quale si assiste a una continua sostituzione, o integrazione, delle regole della biologia con quelle della cultura, quest'ultima intesa come espressione, soprattutto ma non soltanto, della natura umana. Operazione che deve necessariamente essere fondata su un uso sapiente del metodo comparativo proprio delle scienze della vita, capace cioè di riconoscere omologie e analogie. Una scelta che colloca dunque l'operazione in quella posizione «naturalistica» che considera il linguaggio una facoltà universale e non solo una capacità cognitiva propria ed esclusiva della nostra specie.

La prima utile constatazione che ci verrà a questo punto di fare è che praticamente ogni specie necessita di un qualche sistema per lo scambio di informazioni tra gli individui. Ciò, semplicemente, almeno in origine, per questioni di riconoscimento di specie e di sesso, risolvibili attraverso lo scambio di messaggi chimici (feromoni) o di altra natura, mentre poi tutto, scopriremo, rapidamente si complicherà. Più cresce la socialità più infatti aumenta la quantità delle informazioni che devono essere trasmesse. Per fare un esempio, ogni specie di formiche è in grado di passare almeno 50 messaggi diversi usando sia il linguaggio del corpo che messaggi chimici. Poi, passando ad analizzare la comunicazione dei vertebrati superiori, subentrano altri fenomeni importanti, quali la progressiva sostituzione, o integrazione, del controllo genetico sulla struttura ed emissione dei messaggi con le capacità di apprendimento, sia individuale che sociale. Emerge infine – straordinaria conquista – la consapevolezza dell'effetto dell'emissione dei messaggi sul comportamento di chi li riceve.

Ci si rende conto, in questa analisi comparativa (e molti si meraviglieranno), di come, in generale, lo sviluppo delle capacità cognitive e intellettive, specie in uccelli (corvi e pappagalli) e mammiferi (primati e delfini), faccia sì che molti dei cosiddetti specifici propri del nostro linguaggio si ritrovino, *in nuce*, in numerose altre specie. Il nostro linguaggio, seppure così diverso, risulta dunque essere tale, almeno in parte, più per motivi quantitativi che qualitativi, anche se poi, come è noto, sono (anche) le quantità a fare emergere la differente qualità.

Quanto ho fin qui descritto, a ogni modo, non è che la preistoria, ovvero la necessaria parte introduttiva dell'articolata storia evolutiva del linguaggio, che si dirama poi, nella nostra specie, in tanti affascinanti tragitti, quali l'emergere delle prime famiglie linguistiche, le parentele tra le stesse, l'origine e il differenziarsi delle lingue scritte, dei sempre più complessi rapporti tra linguaggio e socialità.

Particolarmente interessante risulta poi ritrovare, nei primati più evoluti intellettualmente, soprattutto negli scimpanzé e, forse, in certi cetacei, quel concetto descritto dagli etologi come pseudospeciazione. Il fatto cioè che in una specie a marcata evoluzione culturale i gruppi che hanno evoluto differenti culture tendano a comportarsi come se fossero appartenenti a specie diverse, con conseguenze talora (negli scimpanzé e nell'uomo) nefaste per quanto concerne la qualità dell'aggressività. Al proposito ha scritto Steven Roger Fisher in *Breve storia del linguaggio* (UTET, Torino 2003): «È triste osservare che la divisione tra gli individui parlanti inglese e francese in Canada minacci oggi l'unità nazionale, che la disintegrazione violenta dell'ex Unione Sovietica segua principalmente dei confini linguistici, che i molti conflitti in Africa siano combattuti quasi esclusivamente fra tribù di lingue diverse...» .

Il linguaggio, pertanto, non è solo il tramite su cui si fonda ogni socialità, esso può anche risultare un elemento che ne influenza, se non addirittura determinarne, la qualità.

Migratori adattati ai cambiamenti climatici

Should I stay or should I go? Sto ancora qui o è meglio che mi metta in moto? Il quesito non è solo (nella versione inglese) il titolo di una canzone che fu – mi informano i miei figli – di moda negli anni Ottanta, cantata esattamente dal gruppo rock The Clash (ma io com'è che queste cose non le so? Cosa facevo in quegli anni?); il quesito è anche, e soprattutto, un problema serio cui ogni anno devono dare una risposta le tante specie di uccelli migratori che si accingono a lasciare l'Africa subsahariana, dove hanno svernato, per raggiungere l'Europa dove si riprodurranno. Su questo tema, che può aprire spiragli interpretativi di grande rilievo e attualità, hanno portato un contributo conoscitivo fondamentale alcuni ricercatori italiani.

Ma veniamo al punto. Molti dei nostri migratori svernano in quell'area a sud del Sahara detta Sahel, oppure ancora più a sud. Ora, a partire dalla seconda metà del secolo scorso, questi uccelli hanno mostrato una tendenza generalizzata ad anticipare le date di arrivo in modo collegabile ai cambiamenti climatici, in particolare all'aumento delle temperature invernali/primaverili, che tra l'altro determinano un'anticipazione del picco di risorse alimentari, essenziale nel momento della riproduzione.

La capacità di calibrare il fenomeno migratorio con le effettive condizioni climatiche, in pratica sapendo prevedere, standosene in Africa, cosa succederà in Europa uno-due mesi dopo, è stato, finora, un evento scientificamente accertato ma al tempo stesso inspiegabile. Ebbene, in una comunicazione presentata al convegno della società italiana di etologia (Ancona, 18/9/07), intitolata appunto *Should I stay or should I go? Climatic connectivity and timing of bird migration*, Roberto Ambrosini (Università di Milano Bicocca) e Nicola Saino (Università di Milano) hanno potuto dimostrare l'esistenza di relazioni fra le condizioni meteorologiche nelle aree africane di svernamento nel periodo in cui gli uccelli si preparano alla migrazione e quelle prevalenti in Europa nel periodo in cui poi gli arrivi si verificano. Volendo, a proposito di queste correlazioni, fare un esempio, si potrebbe dire che, quando a febbraio è relativamente caldo nel Sahel, poi in Europa farà relativamente freddo in marzo-aprile. Utilizzando i lunghi elenchi di date «di primo arrivo» in Europa di cui gli ornitologi dispongono, questi studiosi hanno potuto verificare che effettivamente negli anni in cui in febbraio nel Sahel era relativamente caldo, gli arrivi delle sette specie studiate, e cioè balestruccio, balia nera, bigiarella, luì grosso, rondine, upupa e usignolo, sono state, come atteso, posticipate.

A seguito e complemento di quanto fin qui illustrato, in una seconda comunicazione intitolata *Cambiamenti climatici, anticipo della data di arrivo e stato di conservazione degli uccelli migratori*, presentata da Diego Rubolini dell'Università di Pavia e Anders Pape Moller di quella parigina P. e M. Curie, s'è potuto mettere in evidenza che, purtroppo, non tutte le specie di migratori sono in grado di anticipare le date di migrazione, arrivo e nidificazione. Come conseguenza di ciò viene a determinarsi uno sfasamento rispetto al periodo ottimale che, in ultima analisi, provoca un declino delle popolazioni. Rubolini e Moller hanno potuto analizzare il comportamento di un centinaio di specie migratorie in relazione al loro stato di conservazione e, in accordo con le previsioni, sono proprio le specie con stato di conservazione sfavorevole quelle che, nel periodo 1960-2006, sono state incapaci di anticipare la data di migrazione. Il man-

cato adattamento ai cambiamenti climatici, suggeriscono gli autori, può pertanto provocare il rischio di estinzione di queste specie di uccelli migratori. In questa categoria a rischio compaiono, tra tanti altri, il beccaccino, il cigno selvatico, la colombella, il culbianco, il luì piccolo, il fanello e il torcicollo.

Se consideriamo, com'è opportuno, il fenomeno in un'ottica evolutiva, possiamo immaginare che la selezione naturale abbia nel tempo premiato gli individui, e di conseguenza le specie, che meglio hanno saputo percepire e quindi utilizzare le connessioni climatiche Africa-Europa così da poter poi ottimizzare, anno dopo anno, il calendario delle loro migrazioni. Quanto alle specie attualmente in difficoltà questo possiamo sperare: che nel tempo progressivamente si adeguino. Certo è, però, che i tempi sembrano essere brevi. Che, come sempre, si tratti anche per quest'emergenza del solito conflitto tra la lentezza dell'evoluzione biologica e la rapidità di quella culturale, cui il cambiamento climatico va per buona parte, se non del tutto, attribuito.

Adattamenti estremi

Chimico oppure fisico l'inquinamento, come è noto, mette in crisi l'ambiente. È questo un dato di fatto così risaputo e facilmente comprensibile, a causa dei suoi effetti immediati, che raramente ci si sofferma su ciò che sta dietro, in termini generali, al micidiale fenomeno. Sarebbe invece utile, anche per motivi operativi, soffermarsi maggiormente su un concetto che consentirebbe, se percepito nella sua generale validità, una lettura scientificamente più corretta di ogni tipo di inquinamento. Esiste infatti un aspetto che viene quasi sempre ignorato: il fattore tempo. Si tratta di questo: a mettere in crisi la natura, in realtà, non è tanto la qualità del cambiamento indotto dall'inquinamento quanto, piuttosto, la differente velocità tra l'evoluzione culturale umana, che il cambiamento lo induce con estrema rapidità, e la lentezza di quella biologica, che il cambiamento è costretta a subire.

Occorre, a questo punto, parlare di adattamenti. Ogni specie si è adattata all'ambiente in cui vive. Tanto per fare un esempio, la volpe artica, che spende il suo tempo nel gelo, ha orecchie piccolissime, mentre quella del Sahara, il fennec, vivendo in un clima caldissimo, le ha enormi. La grande superficie di questi padiglioni auricolari ha infatti la funzione di disperdere l'eccesso di calore.

Esiste un caso, quello delle specie dette «estremofile», che può offrirci la migliore esemplificazione dell'importante concetto. Queste specie, infatti, evidenziano che, in realtà, non esistono sul nostro pianeta zone che risultino, per le loro caratteristiche fisico-chimiche, veramente, totalmente inabitabili.

Citerò, a titolo d'esempio, alcuni casi significativi.

La salamandra siberiana (*Salamandrella keyserlingii*), che vive all'estremo Nord del Circolo polare artico, iberna in cuscini di muschio localizzati presso stagni dove la temperatura scende fino a –35°C. Ne sono state trovate, vive seppure completamente congelate, anche sotto 14 metri di neve. Sembrano, quando sono in quello stato, pietrificate. Eppure, quando la tundra si sgela anch'esse riprendono lentamente a scongelarsi fino a riacquisire il loro normale stile di vita ricco di attività. Così, come per incanto, si rimettono a nuotare, a predare, a riprodursi. Il congelamento, effettivamente, può passare su di loro senza causare alcun danno effettivo.

Non è però che questa soluzione sia priva di rischi. Proprio per questo è pratica rarissima, tra gli animali. Perché la salamandra sopravviva i cristalli di ghiaccio devono infatti avere dimensioni veramente minime, così da non perforare le membrane cellulari. Ciò è stato naturalmente ottenuto grazie all'evoluzione di proteine specializzate che vengono sintetizzate, in quegli anfibi, soltanto quando la temperatura inizia la sua drastica discesa. Esiste però, in alternativa, un'altra strategia naturale di sopravvivenza al freddo estremo. È quella, altrettanto straordinaria, evoluta dalla platessa artica (*Pseudopleuronectes americanus*). Questo pesce osseo, così come alcuni altri, sintetizza addirittura proteine anticongelanti.

Passando dal freddo al caldo, la storia sicuramente più affascinante è quella delle «fumarole nere», scoperte nel 1977 al largo delle coste dell'Ecuador alla profondità di 2500 metri. Si tratta di geiger sottomarini che espellono acqua bollente mista a minerali da camini vulcanici situati sul fondo oceanico. L'acqua viene emessa a una temperatura che può raggiungere i 350°C e, in contatto con quella fredda oceanica, forma grandi volute nere contenenti una miscela di composti di zolfo e di altri minerali espulsi dal camino. Ebbene, sorprendentemente quest'ambiente estremo, del tutto privo di luce, è riccamente e variamente popolato. Il fondamento degli inimmaginabili ecosistemi è invariabilmente rappresentato da microrganismi chemosintetici, esseri cioè che sono in grado di produrre materiale organico pur nella più completa oscurità. Su questa base prosperano anellidi resistenti al calore, anemoni marini, granchi, molluschi bivalvi. In queste acque all'apparenza impossibili fluttuano persino piccole meduse, nuotano alcune specie di pesci.

Essendo le fumarole nere distanti l'una dall'altra, in ognuna s'è evoluta una peculiare biodiversità, caratterizzata dalla presenza di differenti specie diversamente adattate. La loro è una storia evolutiva, pertanto, che si è ripetuta più volte parallelamente ma indipendentemente.

Potrei continuare con l'esemplificazione raccontando l'esistenza di esseri che vivono in ambienti estremamente acidi o alcalini, in concentrazioni di cloruro di sodio che per i più sarebbero letali, oppure in totale assenza di ossigeno. S'è trovata vita perfino nelle rocce oppure in ambienti dove predominano l'acido solfidrico, l'anidride carbonica e il metano.

Generalizzando, questo si può dunque affermare: datele tempo e la vita, comunque, s'adatterà.

È pertanto illuminante rilevare – questo è l'insegnamento che ci viene dalle specie estremofile – come il comportamento umano disastrosamente inquinante sia tale in quanto il cambiamento indotto dalla nostra specie è troppo rapido per consentire all'evoluzione biologica di produrre gli indispensabili adattamenti, le opportune controstrategie, ed è così proprio perché è culturale.

Dovremo farcene una ragione: data l'impossibilità di cambiare le regole della natura, non ci resterà, se vorremo vivere in un ambiente equilibrato e pertanto sano, che adeguare a esse quelle della nostra cultura. Non solo è possibile farlo, ma sarà indispensabile per il nostro benessere, se non per la nostra stessa sopravvivenza.

La volpe ne sa tante, una il riccio, importante

Prima ho scoperto la frase, soltanto poi ho messo a fuoco l'autore. Quel nome infatti, beata ignoranza, non mi diceva niente. Ho però telefonato a un'amica che di antichità sa tutto e mi ha spiegato chi era quel misterioso Archiloco: era, o meglio è, uno dei lirici greci. Della sua opera, ha aggiunto, sono rimasti solo frammenti. Uno dev'essere la frase che mi ha incantato, che ha mosso tutta la faccenda: «La volpe ne sa tante, una il riccio, importante».

Frase elegante, ricca di contenuti. M'è piaciuta per due motivi che, strada facendo, son diventati tre. Li spiego. Primo: è, in modo sintetico e mirato, descrittiva delle due specie. Secondo: queste sono quasi perfette per impostare un discorso su generalisti (opportunisti) e specialisti. Terzo motivo: Archiloco visse nel VII secolo a.C. e fu un poeta. Ciò la dice lunga sulla conoscenza della natura di quelle genti antiche.

Accennato alla gente umana, parliamo ora, più estesamente, di quella pelosa e della spinosa.

La volpe, dunque, ne sa tante. È la furba per antonomasia. Usa il cervello, esplora, spesso rischia; una soluzione, però, alla fine la trova. Se la cava dovunque, mangia tutto, sopravvive al caldo e al freddo. È perfino capace d'inganno consapevole: ricordo un vecchio filmato dove la si vedeva sulla neve, sdraiata immobile. Sembrava morta e i corvi ci cascarono. Lei, la furbissima, aspettò che uno si avvicinasse abbastanza poi zac… la trappola di denti acuminati scattò e quel corvo, per una volta, recitò la parte della preda. La volpe, insomma, è plastica, risolve problemi sempre nuovi. Anche se solo per il rotto della cuffia, quasi sempre se la cava. È, potremmo dire, un vero simbolo della sapienza dell'individuo.

Il riccio ne sa soltanto una, importante. Ciò che sa (senza nemmeno saperlo) è la sua unica, raffinata specialità, che va dai peli trasformati in aculei a una muscolatura che, a comando, lo trasforma in una palla pungente e dura. Si difende, con ciò, ma anche offende, perché ingaggia battaglie con serpi più o meno velenose. Una sapienza perfetta ma, sui tempi brevi, immutabile, tutt'altro che plastica proprio perché coinvolge strutture fabbricate *ad hoc* e comportamenti innati. La sua è, insomma, la classica sapienza della specie. Sì, il riccio ne sa una e va bene così, anzi benissimo. E va bene per tutti. Basta però che qualcosa cambi e per lui sono guai. Pensate, per esempio, alla quantità di individui che rimangono schiacciati sotto le automobili. Il riccio, insomma, è una di quelle specie che s'evolvono, raffinando sempre più i loro adattamenti, all'interno di una situazione stabile e dunque prevedibile, cui si può rispondere con comportamenti prefabbricati. Ottimi perché collaudati dalla selezione naturale ma sui tempi brevi praticamente immodificabili.

Specializzazione e generalismo sono vie evolutive alternative. In altre parole: la sapienza la si approfondisce, e allora funziona bene quella della specie, degli istinti, oppure la si estende, e allora funziona meglio quella dell'individuo, semmai quella della cultura.

Non è pertanto un caso, detto quanto sopra, che poi si scopra che gli specialisti sono quasi tutti, ormai, a rischio. Il koala è fritto se scompaiono gli eucalipti, le uniche piante di cui si nutre. La rondine idem, se dall'aria in cui vola spariscono gli insetti. I generalisti invece sono più duri a morire in questo mondo così rapidamente mutevole. Non per niente vengono classificati, se va bene, specie problematiche o, se va male, addirittura nocive, termine comunque errato. Ratti, passeri, storni, scarafaggi, per non dire della volpe, appunto. Gente, comunque, dalla scorza dura.

Risulta facile, a questo punto, comprendere perché, col pianeta sempre più inquinato (chimicamente, termicamente, e così via), siano soprattutto gli specialisti a rischio di estinzione. Perché loro hanno poche frecce, a volte una soltanto, al loro arco. E il loro posto viene subito occupato da quegli altri, i generalisti. Perciò gli ambienti degradati tendono tutti a somigliarsi, pieni come sono di quei «buoni a nulla capaci di tutto». È ciò che si intende con la banalizzazione della biodiversità.

Il paradosso di Paradoxornis

Un uccellino davvero minuscolo – pesa meno di dieci grammi – è con buona probabilità l'ultimo arrivato tra le tante specie aliene ormai presenti nel nostro paese. E scrivo probabilmente perché, con questi clandestini, non si sa mai. Il tempo passa e potrebbe esserci qualche sorpresa. Anzi, sicuramente prima o poi ci sarà. Il caso generale di queste colonizzazioni è comunque di grande interesse, così come è quello, davvero specialissimo, di questo minuscolo uccellino. Merita perciò parlarne.

Prima di generalizzare, diciamo dunque di quest'ultimo, un variopinto parente del nostro basettino. Proviene dall'Estremo Oriente e fu incautamente liberato – una dozzina di individui o poco più – qualche anno fa in una zona ricca d'acqua e di canneti tra il lago Maggiore e quello di Varese, la Palude Brabbia. Non ha fatto, da allora, che riprodursi. Se ne contano ormai a migliaia. È arrivato al lago di Varese, a quello di Comabbio, alla Valle Bagnoli. Chissà quando e dove si fermerà. Pare che soffra le grandi nevicate, ma finora non ha fatto che espandere il proprio areale. E poi chissà, visti i mutamenti climatici in corso.

Verrebbe da chiedersi: che male c'è se un bell'uccellino arriva ad arricchire la nostra avifauna? Eppure un po' di male c'è. Prima che ne parli, però, è bene dire qualcos'altro sulla misteriosa *new entry*. Soprattutto questo: non si sa esattamente chi sia. È vero, sicuramente è un parente del basettino (*Panurus biarmicus*). Certa è anche la sua appartenenza al genere affine *Paradoxornis* e alla stessa sottofamiglia Panurinae. Ma di che specie si tratti è difficile dirlo. Non è da escludere che sia addirittura una specie mai prima descritta, forse sopravvissuta solo in cattività. Quindi a suo modo preziosa. Se così fosse, la popolazione italiana assumerebbe un valore speciale.

Allarghiamo, ora, il discorso. M'aiuta in ciò il recentissimo ed esaustivo saggio di Niles Eldredge, intitolato appunto «Specie aliene» (in *La vita sulla Terra*, Edizioni Codice, Torino 2004). Lo studioso documenta come l'abitudine umana di disseminare piante e animali fuori dal loro ambiente naturale sia responsabile, insieme con la distruzione dell'habitat, l'inquinamento e l'ipersfruttamento delle risorse, di gran parte della distruzione ecosistemica e della scomparsa delle specie native drammaticamente in corso.

Ne sappiamo, d'altronde, qualcosa. Basta pensare ai danni prodotti alla nostra fauna ittica dal siluro del Danubio, o alla crisi provocata alla vongola verace da quella filippina. Si tratta, del resto, di un nostro vizio antico. Nella colonizzazione dell'Australia l'uomo, a cominciare da circa cinquemila anni fa, portò con sé, lasciandolo poi inselvatichire, l'asiatico cane pariah, che si trasformò nel dingo e che falcidiò un gran numero degli autoctoni marsupiali. Tra gli esempi portati da Eldredge uno è fra tutti impressionante: l'arrivo del serpente arboreo *Boiga irregularis* nell'isola di Guam (Marianne) fece rapidamente estinguere ben nove delle dodici specie di uccelli forestali.

La pericolosità delle specie aliene si spiega col fenomeno

della coevoluzione e con l'esistenza di specie dette generaliste. Evolvendosi insieme, cioè coevolvendosi, le specie autoctone si prendono tra loro le misure installando dinamici equilibri. Quando invece una specie arriva da fuori non esistono, per convivere con lei, valide strategie. Quel serpente piovuto all'improvviso tra la fauna di Guam, tanto per dire, ha trovato uccelli totalmente sprovvisti del *know how* necessario per difendersi dai rettili arboricoli. Da qui la loro estinzione. Erano degli specialisti per vivere a Guam, ma soltanto a Guam. Esistono però anche i generalisti, esseri che, evolutisi in ambienti instabili o con tendenze alla colonizzazione, sanno cavarsela sempre, dovunque e comunque. E sono proprio loro gli alieni candidati al successo. Con la loro presenza fuori luogo, però, banalizzano, sostituendo i locali specialisti, i differenti ambienti. Una globalizzazione di basso livello, potremmo dire.

Tornando a *Paradoxornis*, «paradossalmente» non sembra avere le caratteristiche del generalista (ricordate il riccio e la volpe?). Più probabile è che, per puro caso, sia stato liberato in un ambiente sufficientemente simile a quello per cui era adattato. Fatto sta che pare proprio che, almeno finora, se la cavi egregiamente. Il fatto che, però, si tratti di un generalista, non vuol dire che non possa ugualmente fare danno, se non altro mettendosi in competizione per risorse che, prima del suo arrivo, erano destinate a delle specie autoctone.

Speciazioni fulminee

È stato recentemente descritto il caso piuttosto eccezionale dell'origine in natura di una nuova specie di salmone nel tempo record di una cinquantina d'anni. Quantità temporale brevissima, quasi impossibile secondo certi scienziati, per determinare cambiamenti di tale portata da produrre la comparsa di barriere riproduttive tali da impedire ogni scambio genetico tra le popolazioni coinvolte. L'evento, detto speciazione, ha avuto luogo nel lago Washington presso Seattle, e ha suscitato un fiorire di discussioni e di pareri contrastanti. Il fatto, in realtà, è così «da specialisti» che forse non ne avrei parlato, in sede divulgativa, se tra le argomentazioni non fosse comparso anche l'intricato e controverso caso delle diversità all'interno della specie umana.

Saltando audacemente dal pesce all'uomo, Daniel J. Howard dell'Università del New Mexico, ha rilevato che le differenze genetiche che separano le due novelle specie di salmoni sono «tra loro minori di quelle esistenti tra le razze umane», ed è da ciò che trae origine il suo criticismo. L'argomentazione è, a mio parere, insieme interessante e scorretta. È interessante perché evidenzia l'attuale tendenza a misurare la parentela tra i gruppi confrontandone i Dna. Tanto più ne hanno in comune, tanto minore è stato il tragitto evolutivo che li ha differenziati. Scorretta perché trascura il fatto che la specie è una categoria diversa da tutti gli altri raggruppamenti sistematici. L'essenza della specie risiede infatti nella presenza di barriere riproduttive che la isolano geneticamente dalle specie affini. Potrebbero perciò bastare anche differenze genetiche minime, purché in grado di determinare impedimenti alla riproduzione, per produrre la comparsa di nuove specie. Non si dovrebbe pertanto, nel caso della speciazione, dare lo stesso peso a tutta l'informazione genetica. Nei moscerini della frutta, per esempio, è sufficiente una mutazione che modifica la molecola d'una sostanza implicata nei rituali del corteggiamento per impedire l'accoppiamento. Questa altrimenti modestissima differenza genetica può avere, da sola, un peso determinante nell'ambito del processo di segregazione sessuale.

Ma torniamo alla nostra specie. Fino a qualche decina d'anni fa parlare di razze era normalissimo, poi il timore del razzismo ha reso l'uso della parola razza «politicamente scorretto». Parallelamente il confronto dei Dna delle varie popolazioni ha mostrato che, a causa del mescolamento genetico avvenuto tra i popoli soprattutto negli ultimi secoli, è pressoché impossibile circoscrivere entità con caratteristiche razziali. La diversità all'interno dei gruppi è troppo elevata. Così è diventato politicamente (ma anche scientificamente) corretto non parlare più di razze ma piuttosto di etnie. Non è però stato, questo cambiamento nell'affrontare la nostra sistematica, un grande affare se si voleva, con ciò, in qualche modo combattere il razzismo: basta pensare alla «pulizia etnica».

Il fatto è, mi pare, che dobbiamo prendere atto che a giocare con le parole c'è poco (tranne che per i sistematici) da guadagnare. Come nel moscerino della frutta, purtroppo, anche nella nostra specie esistono geni (per esempio quelli che determinano il colore della pelle) che pesano più di altri nel definire, nell'ottica dell'osservatore superficiale e incolto (ma quanti ce ne sono), le diversità.

Pensando a ciò, ritengo poco utile tentare di nascondere le differenze tra gli uomini con eufemismi vari. Piuttosto: la questione ambientale ci sta obbligando a imparare ad apprezzare e a difendere la biodiversità entro e tra gli ambienti naturali. Ecco, dobbiamo cercare di percepire, perché in realtà si tratta di un unico fenomeno, di un *continuum*, anche il valore della diversità tra gli uomini. E molto ci aiuterebbe, per sviluppare questa comprensione, uno sviluppo generalizzato della cultura naturalistica.

Quando le esplosioni demografiche sono disadattanti

In questi ultimi anni abbiamo imparato, se mai ne avessimo avuto ancora bisogno, che, se nessuno ha niente da obiettare sulle derattizzazioni, con i caprioli (tanto per dire) è tutta un'altra storia. Per la sopravvivenza di questi timidi erbivori si sono recentemente fatte, soprattutto in Piemonte, manifestazioni e non c'è chi non abbia voluto dire la sua. L'Italia s'è trovata spaccata in due tra quei «senza cuore» che volevano (e un po' l'hanno fatto) prenderli a schioppettate, e quei teneri che suggerivano di catturarli per trasferirli altrove.

Sono anni ormai che veniamo sottoposti a queste esplosioni demografiche. C'è stata quella, ormai immancabile, delle meduse e tra poco, regolarmente, si ripresenterà il problema dei colombi e dei ratti. Nei nostri boschi e prati, intanto, torme sempre più consistenti di cinghiali a modo loro areranno sottoboschi e coltivi. E ogni specie susciterà differenti reazioni perché, ce l'ha ha spiegato bene Orwell, non tutti gli animali sono uguali.

Fin qui, comunque, siamo nel campo dell'emotività. Viene da chiederci: non sarebbe ora di interrogarci usando invece delle fondamentali conoscenze scientifiche di cui ormai disponiamo? È, a mio parere, indispensabile, se vogliamo combinare qualcosa di concreto, soprattutto di definitivo.

Ho nominato caprioli, cinghiali, ratti, colombi e meduse. Tutte specie al proposito esemplari anche se tra loro assai diverse. Coinvolte, però, in fenomeni sostanzialmente simili. Cerchiamo di capire, innanzitutto, cosa le accomuna.

Partiamo dai caprioli, certamente in soprannumero in Piemonte, in Lombardia e in altre nostre regioni, e di cui è stato deciso un «ragionato» abbattimento. Può, questo intervento, portare a qualche risultato definitivo? Improbabile, e la ragione è semplice: i caprioli non sono cose, sono gente che si riproduce. Ed è proprio questo il più importante specifico della vita. Non possono quindi venire controllati da soluzioni così semplicistiche. D'altro canto gli ecologi lo sanno bene, perché le esplosioni demografiche non sono per niente una novità. Alcune, oltre tutto, sono state ben studiate nel loro determinismo. Niente di strano e di inatteso, pertanto. Basta fare riferimento al risaputo valido concetto della piramide alimentare. Come si può sperare che una popolazione di erbivori, come sono appunto i caprioli, si mantenga in equilibrio se manca il gradino (il livello trofico) che dovrebbe controllarla? Quello, cioè, dei predatori. Non c'è testo di ecologia che, illustrando con curve assai significative l'andamento di popolazioni di prede e dei loro predatori, non spieghi tutto ciò. Chiaro dunque che, sui tempi lunghi, poco serva eliminare un tot di individui: i rimanenti, proprio perché non sono cose, riprenderebbero subito con la loro progressiva scalata verso il boom demografico. Senza contare che, se i prelevati vengono liberati altrove, e anche in questo altrove mancano i predatori, ciò non può che significare la disseminazione del medesimo problema.

Non è solo una questione di numeri, però. Sempre a proposito di erbivori e di predazione, specie quella effettuata dai lupi, s'è infatti studiato lo stato delle carcasse degli animali prelevati. Si sono esaminati i denti, il midollo osseo e altro ancora, ed è risultato che questi carnivori non predano mai a caso. Fanno, invece, un primo, utile sfoltimento dei giovani e poi, soprattutto, eliminano individui malati o vecchi. Sono, si potrebbe dire, la vera mano operativa della selezione naturale: ogni lupo ha un suo specifico ruolo e, nell'insieme, sottopongono la mandria a un vero esame abbattendo di volta in volta l'individuo più conveniente per loro ma, nel contempo, più vantaggioso per la salute e la qualità genetica della popolazione predata. È così che si raffinano le caratteristiche che mantengono efficienti ed equilibrate le popolazioni delle prede e, attraverso il processo coevolutivo, degli stessi predatori. E quanto detto per il lupo vale per ogni altro predatore. La predazione è sempre selettiva.

Lo è altrettanto, però, la cosiddetta «caccia selettiva»? Merita affrontare questo problema perché se n'è parlato molto e spesso anche a sproposito. È sì vero che tale caccia potrebbe teoricamente, entro certi limti, sostituirsi alla vera predazione, sorgono dubbi però quando, dopo un estenuante tiramolla tra «buoni» e «cattivi», si decide di eliminare tutt'insieme moltissimi individui. I predatori, infatti, sono sempre presenti e lavorano «a tempo pieno», mentre le operazioni umane difficilmente possono avere la stessa tempestività, la stessa capacità discriminante. Come si fa a immaginare che, dovendo abbattere in pochi giorni centinaia di caprioli, sia possibile ottenere lo stesso effetto selettivo?

L'assenza o la scarsità di predatori naturali è, praticamente sempre, una costante. Non è, però, l'unico fattore limitante. Passiamo allora a un caso assai diverso, quello dei colombi delle piazze. Il problema del loro numero eccessivo è di quasi tutte le città ricche e moderne e anche in questo caso metodi radicali e improvvisati alla lunga servono a ben poco. Facciamo, per iniziare, qualche conto. Una coppia di colombi torraioli si riproduce sei-sette volte l'anno, talora anche di più, dando vita a due piccioni per nidiata. Questi, dopo non molti mesi, sono a loro volta in grado di riprodursi. Così, anche ammettendo di eliminare la maggior parte dei colombi, non ci vorrà poi molto per ricostituire la popolazione di partenza. Ed è quanto, in realtà, regolarmente avviene.

Che dire poi dell'uso degli antifecondativi chimici? Certo si tratterebbe di un metodo più dolce, rispetto alle soppressioni, ma che niente avrebbe a che fare col ristabilirsi di un equilibrio: si tratterebbe solo della soppressione provvisoria del sintomo (il sovraffollamento), non certo di agire sulle cause che lo determinano. Per non parlare degli interrogativi che sorgono mettendo in circolo sostanze ad azione ormonale.

Ciò che occorrerebbe veramente fare sarebbe agire sulle vere cause dello squilibrio. I colombi, per comprenderne la dinamica delle popolazioni, vanno inquadrati in un sistema: da un lato le risorse disponibili, che consentono loro la sopravvivenza e l'eventuale sviluppo, dall'altro i fattori limitanti. In questo caso le principali risorse sono gli alimenti e l'abbondanza dei siti di nidificazione, mentre i fattori limitanti sono soprattutto i predatori e la competizione inter o intraspecifica per gli stessi siti di nidificazione.

Ebbene, le nostre città sono ricche, come mai sono state, di risorse alimentari abbandonate ovunque. Perciò pullulano anche di ratti (un caso parallelo, anche se meno evidente). E poi i colombi, nonostante i divieti, vengono nutriti. Il mangime, d'altronde, per motivi turistici viene spesso regolarmente venduto, come per esempio in piazza San Marco a Venezia, dove poi, incomprensibilmente, ci si lamenta per il danno indotto ai monumenti. Infine c'è la risorsa dei siti di nidificazione. In molte città, all'estero, è fatto obbligo ai proprietari di immobili di rendere inagibile ogni possibile sito, mentre la municipalità controlla quelli pubblici.

Quanto ai predatori dei colombi, dirò subito delle taccole, perché non solo possono predare nidiacei e uova, ma anche perché competono per gli spazi di nidificazione. Certo è, però, che da sole non sono sufficienti. Importanti sarebbero i veri rapaci, soprattutto i pellegrini e gli allocchi, ormai quasi scomparsi perché sono stati in vario modo perseguitati. C'è infine un altro singolare «predatore» che è andato perduto, l'uomo. In tempi meno ricchi consistente era infatti il prelievo, a scopo alimentare, dei novelli. Ora non è più così, e pertanto tutto s'assomma per spostare l'ago della bilancia a favore dei fattori di crescita delle popolazioni.

Non differente è il caso, apparentemente assai diverso, delle esplosioni demografiche delle meduse, da noi soprattutto della ormai famosa, perché fastidiosa o peggio, *Pelagia noctiluca.* Nel suo caso uno dei principali fattori dell'esplosivo incremento numerico è rappresentato dalla drastica diminuzione, dovuta alla pesca eccessiva, dei predatori degli stadi larvali, e cioè soprattutto delle acciughe, degli sgombri e dei tonni. A far pendere ancor di più l'ago della bilancia a favore delle loro sempre più frequenti invasioni ci sono inoltre l'aumento della temperatura superficiale dell'acqua marina e il sempre minore apporto di acque dolci da parte dei fiumi, favorente, quest'ultimo, l'aumento della salinizzazione delle acque costiere.

Insomma, cambiano le specie ma le regole di base rimangono senza eccezione le stesse, sempre, tutte, basate su un qualche tipo di rottura del generale rapporto tra risorse disponibili e fattori limitanti. C'è infine un'ultima cosa da aggiungere, e cioè che, mentre caprioli, ratti e meduse sono effettivamente animali selvatici, sia i colombi delle piazze che i cinghiali che ormai scorrazzano dappertutto nel nostro territorio sono, dal punto di vista evolutivo, un qualcosa di diverso: una via di mezzo tra la domesticità e l'effettiva selvaticità. I primi perché rappresentano il risultato dell'ibridazione tra colombi domestici e selvatici, i secondi perché, e questo è ancor peggio, derivano da grossi cinghiali provenienti dall'Europa centrale e sono anch'essi per buona parte ibridati con varie razze di maiali. In ambedue i casi, comunque, la loro storia recente a livello demografico si fa fortemente sentire perché, ogni volta che c'entra l'addomesticamento, ciò grandemente incide, potenziandola, sulla prolificità.

In definitiva, pertanto, la morale non può essere che questa: o prendiamo atto, agendo di conseguenza, che è impossibile ignorare le fondamentali regole che governano i rapporti tra le specie e l'ambiente in cui esse vivono, oppure dobbiamo rassegnarci e spendere la nostra vita in un mondo da noi stessi reso squilibrato e snaturato. Tutto il resto è pura illusione, con buona pace degli abbattimenti e dei trasferimenti.

QUARTA PARTE

Intorno all'uomo

Parlando di cani e non di uomini, ma il concetto voleva essere generale, Konrad Lorenz scrisse che «la perdita dell'istinto è sempre e soltanto una porta aperta per l'intelligenza...». Ciò che intendeva Lorenz, era questo: che raffrontando i selvatici lupi ai domestici cani, da loro evolutivamente derivati per selezione fatta dall'uomo, si poteva notare la perdita di qualche istinto e che tale diminuzione della sapienza della specie veniva sempre, o almeno spesso, sostituita dalla sapienza degli individui, cioè dall'intelligenza.

Ci sarebbe, a questo punto, da fare un lungo discorso utile per farvi ripercorrere l'estenuante dibattito che coinvolse per più di mezzo secolo non solo gli etologi al loro interno, ma anche nei confronti di altre discipline, su cosa intendessero effettivamente per istinto, dato che molte sono le evidenze d'una non completa separazione tra innato e appreso, con esempi chiarissimi che riguardano soprattutto i vertebrati superiori, nei quali la qualità e la variabilità dello sviluppo, e non soltanto delle esperienze, che pure dello sviluppo fanno parte, possono in diverso modo produrre una variabilità a livello dei cosiddetti comportamenti innati, che dunque, proprio per ciò, completamente innati non sarebbero più.

Tanto dovevo dire, a proposito del dotto dibattito, e tanto ho detto. Ciò soprattutto per la maledetta paura che i professori (*quorum ego*) hanno di essere letti dai loro colleghi e poi, se appena un po' si lasciano andare al parlar comune per farsi capire, tacciati da ignoranti. Ma basta così, un po' di coraggio perbacco. Torniamo dunque alla frase lorenziana, che vuole in generale significare che, tanto più una specie (o una razza domestica) rimane svincolata dagli istinti, tanto più risulta poi aperta alle esperienze individuali oppure sociali. In definitiva, è sempre Lorenz a pensarlo ma io concordo, alla libertà di comportamenti e di espressioni.

Detto tutto ciò, facile è rilevare che non c'è specie al mondo che, più della nostra, si sia svincolata dalla saggia e perciò prudente, e perciò tutto sommato conservativa, sapienza della specie, man mano sostituendola con quella che è frutto delle esperienze. Sapienza che però, in una specie sociale come la nostra, non s'accontenta di essere solo dei singoli individui, ma che, per via di trasmissione culturale, si trasforma in sapienza dei gruppi, delle popolazioni, in qualche caso non poi tanto raro, dell'intera umanità. E questo sarebbe, insieme ad altri, un importantissimo, addirittura fondamentale specifico della specie umana, pur essendovi altre specie un pochino capaci di trasmettere culturalmente nuove abitudini.

Questa diversità dell'uomo ha avuto e continua ad avere molti e diversi effetti, non tutti purtroppo positivi. Solo così, però, l'uomo può evolversi culturalmente e, a questo proposito, racconterò alcuni casi, di cui il più illuminante mi pare sia quello dedicato alle cure parentali.

C'è poi un'altra cosa che qui ci interessa. Per motivi soprattutto culturali l'uomo è anormalmente cresciuto di numero. Non esiste altra specie di primati che abbia saputo riprodursi così pazzamente da infestare (e rovinare) praticamente tutto il pianeta. Ebbene, questa ubiquità dell'uomo, più tante altre cose ancora, fa sì che ormai, praticamente, non si può più parlare di alcun animale senza almeno nominare gli effetti, il più delle volte deleteri, della presenza umana. È per questa ragione che, in definitiva, in quest'ultima parte ho dovuto fare un'attenta scelta, inserendo solo quei casi dove la presenza umana o l'interesse specifico per la nostra specie sono davvero preminenti. Degli altri casi infatti già avete letto.

Che animale vorresti essere?

Anni fa Douglas Coupland pubblicò (in *Microservi*, Feltrinelli, Milano 1996) questo sfolgorante dialogo:

D: Che animale vorresti essere se potessi essere un animale?

R: Tu sei già un animale.

È una storia vecchia, perfino frustra, quella di «l'uomo e gli animali». Come se noi facessimo parte di un altro regno. Non ne scrivo però per il semplice piacere della polemica. Figurarsi, se è per quello non se ne può più. Come per il processo, che continuamente viene celebrato, all'idea darwiniana dell'evoluzione. Se fosse così consiglierei, se non altro per vincere la monotonia, di rifarne uno anche a Galileo. In fin dei conti è la stessa faccenda: c'è chi ragiona sui fatti e chi, invece, semplicemente crede. Il che non è precisamente la stessa cosa.

Ma basta così. Se, oggi e qui, parlo dell'uomo e degli (altri) animali è, invece, per un motivo che mi riguarda più direttamente. Potrei quasi dire che è per giustificarmi. Lo faccio, infatti, a proposito di questo libro, che dovrebbe aiutarci, appunto, «a capire gli animali». Il che, ovviamente, per me non può avere che un unico, intuibile significato: tutti gli animali, incluso l'uomo.

Giustificarmi? Ebbene sì, rispondo, e per due motivi, anche se, onestamente, il primo è abbastanza banale. Questo: molte persone – talora capita, distrattamente, perfino a me – sono per consuetudine abituate, più o meno inconsciamente, a tirarsi fuori dal regno animale. Esattamente com'è esemplificato nel dialogo che ho riportato più sopra. Ecco, credo, con quanto ho finora scritto, di aver giustificato il mio trattare, qui, seppure in modo disordinato e discontinuo, anche di comportamento umano.

Veniamo ora al secondo, più interessante motivo. L'uomo è, veramente, un animale diverso da tutti gli altri ancora viventi. Non è, come diceva Desmond Morris, «la scimmia nuda». È semmai, «la scimmia vestita». Una scimmia con gli occhiali, la cravatta, un libro in mano, il telefonino... chi più ne ha più ne metta. Tante sono infatti le sue peculiarità, dal saper produrre giudizi morali alle straordinarie capacità matematiche, ma ciò che ci rende veramente unici è la nostra elevata capacità di produrre e trasmettere cultura. Se la nostra vita è così sconvolgentemente nuova rispetto a quella dei nostri padri e nonni, mentre le rondini continuano tranquillamente a farsi il loro nido di fango, proprio lì sta la differenza. Per loro nei secoli – e potrei dire millenni – nulla è cambiato, per noi tutto. E il motivo è semplice: loro le istruzioni per il loro comportamento le ereditano geneticamente, noi culturalmente. È questo che consente il nostro sempre più rapido cambiamento di stili di vita, di abitudini, di effettivi comportamenti.

Ebbene, che ne sapremmo delle basi biologiche e dei significati adattativi delle nostre straordinarie capacità culturali se negli ultimi settant'anni alcuni studiosi interessati al comportamento di cince, macachi, topi e ratti, di altri animali sociali, non avessero scoperto che anche in quelle specie esiste un minimo di cultura? È un dato di fatto: lo studio di quei fenomeni, appunto perché molto semplici, è stato fondamentale per la comprensione dei legami che intercorrono tra istruzioni genetiche e capacità culturali, così come ci ha spiegato che, anche (e soprattutto) in quelle specie, saper trasmettere culturalmente abitudini, soluzioni di problemi, talora perfino nuovi modi di comunicare, altro non è che un eccellente sistema d'adattamento a situazioni che cambiano.

Discorsi forse un po' complessi, da affrontare un po' alla volta. Quanto ho voluto dire, a ogni modo, è che dentro lo scrigno della zoologia stanno nascosti tesori che, talora, ci riguardano da vicino. Che, in definitiva, riguardano, questa è la forza del metodo comparativo, tutti gli animali. Uomo incluso, naturalmente.

L'uomo che parla con gli altri animali

La comunicazione è alla base di ogni socialità ed è proprio per ciò che di norma ha luogo all'interno delle singole specie. Con l'addomesticamento degli animali, però, la nostra socialità si è assai estesa e, dove possibile, noi una qualche forma di comunicazione l'abbiamo sviluppata anche al di fuori della nostra specie. Mi piace, però, iniziare raccontando una storia ben più antica, di quando ancora gli animali domestici non c'erano. State a sentire.

Può succedere, nell'Africa a sud del Sahara, di essere abbordati da un uccellino che si comporta assai stranamente. Presa di mira una persona, infatti, ne attrae cinguettando l'attenzione. Si ha come l'impressione che stimoli l'umano a seguirlo. E se questo, incuriosito, accetta l'invito, l'uccellino lo guida fino a trovare un alveare. È la sua specialità, perché si tratta dell'indicatore del miele. Tradizionalmente la conclusione della storia consiste nell'uomo che, per prendere il miele, rompe l'alveare, mentre il pennuto ne è attento e impaziente testimone. Poi, una volta che l'uomo se n'è andato, tocca all'indicatore prendersi la sua parte, cioè larve e un po' di cera.

Questa, veramente, è solo la parte marginale di una storia ben più complessa di comunicazione, perché i personaggi coinvolti non sono solo l'uomo e l'uccellino, c'è anche il tasso del miele, un mustelide dal pelo folto, dalla pelle spessa, dagli unghioni robusti, fatto apposta, insomma, per sfasciare alveari.

È questa in realtà la coppia originale. È tra loro che sussiste la più antica collaborazione. Basata, potremmo dire, essenzialmente sulla sapienza degli istinti. Infatti da ciò dipende il loro scambio di messaggi, che è invece totalmente indipendente dalle esperienze individuali.

Poi, però, s'è creato il rapporto con l'uomo e questa è una storia un po' meno naturale, un po' più culturale. L'uccello infatti era inizialmente indifferente alla presenza umana, ma è stato l'uomo che, decine di migliaia di anni fa, s'è incuriosito alle manovre della strana coppia, li ha seguiti e ha così scoperto un modo facile per procurarsi il miele. E l'indicatore? Be', per lui aspettare che apparisse un ratele o un uomo era pressoché lo stesso. La ricompensa la pigliava in ogni caso. Ed è così che ha appreso che valeva la pena, localizzato un alveare, di andare a cercare un uomo, se non trovava un ratele. L'abitudine innata s'è dunque estesa a un altro partner e il rapporto a due è divenuto un triangolo. La storia però non finisce qui perché, se una volta per gli africani l'abitudine faceva parte della loro cultura, oggi non è più così. Troppi, ormai, hanno altro da fare. Così, troppo spesso, l'invito dell'indicatore viene ignorato. In sempre più ampie zone l'uccellino del miele, all'uomo, non ha più niente da dire.

Da dirsi hanno invece, e sempre, l'uomo e i suoi animali domestici, anche se ormai per motivi diversi da quelli del passato. Certo è che il pio bove, o meglio ancora la splendida coppia appaiata a tirare l'aratro, capiva egregiamente l'ordine verbale di voltare a destra o a mancina, così come il cane da pastore sapeva guidare su ordinazione il gregge facendogli fare ogni evoluzione. Sono animali intelligenti e, come quell'uccellino africano, soprattutto sociali e, pertanto, naturalmente predisposti ad apprendere sempre nuovi messaggi e, anche, a farsi egregiamente capire. Diverso è, semmai, il caso del gatto che, in origine, era sì un animale assai intelligente, ma solitario. Perciò ha sempre mantenuto una sua almeno parziale impenetrabilità, un tocco di mistero. Ciò spiega perché il suo destino è stato spesso legato a ruoli soprannaturali. Divinità positiva in Egitto (Bastet) oppure incarnazione di Ecate, presiedente agli incantesimi dei morti al tempo dei romani. Per non parlare poi del Medioevo dove, pagandola cara, l'innocente felino fu immaginato, addirittura, alleato delle streghe e del demonio.

Dal cane agli estremofili: allearsi è meglio

Tempo fa passeggiavo per una calle (abito a Venezia) accompagnato o, per meglio dire, preceduto, da Orso, il mio cane. Era davanti a me tre o quattro metri e procedeva tranquillo. Stava probabilmente pensando agli affari suoi quando, di colpo, s'è messo a fiutare l'aria. Ha alzato la testa, s'è sollevato sulle zampe posteriori poggiandosi a un muro e così ha scovato, sul davanzale di una finestra del pian terreno, un pezzo di pizza abbandonato. Sono fantastici i cani, quanto a olfatto. Col naso sentono tutto.

Mentre Orso masticava, il piccolo episodio m'ha fatto ripensare a cosa ha voluto dire, per la nostra specie, il loro addomesticamento. La nostra specie di allora, intendo. Quando gli uomini vivevano tutti una vita da cacciatori-raccoglitori. Immensa risultò la differenza tra l'avere o il non avere un cane come compagno di caccia. A parte il fatto che la preda la inseguiva e la fermava, c'era, in quel «miglior amico» appena scoperto, il plus valore d'un olfatto strepitoso, che la selvaggina la percepiva da segnali minimi e poi la sapeva stanare anche seguendo piste flebilissime. L'avere acquisito l'utilizzazione di quel supernaso significò, per quegli uomini che di caccia vivevano, una moltiplicazione straordinaria della loro produttività. La nostra evoluzione biologica ci aveva infatti provvisti di un'ottima vista e d'un eccellente udito ma, quanto a naso, eravamo decisamente scarsi; l'addomesticamento del lupo ci regalò, tra le altre cose, anche il servizio di un organo insieme raffinato e potente. Usando le parole della scienza: eravamo per natura microsmatici, la cultura ci ha reso, per mediata persona (l'ex lupo), macrosmatici.

Storia vecchia, quella, ma non finita. Faccio un salto di ben più di diecimila anni ed eccomi ancora qui a parlare di altre, analoghe, acquisizioni culturali. Se per l'uomo della preistoria il problema era mettere qualcosa sotto i denti, per quello d'oggi uno altrettanto serio è l'inquinamento. Stupidamente l'uomo moderno scarica infatti sostanze incompatibili con la vita un po' dappertutto, degradando ogni ambiente. Con l'esplorazione sempre più approfondita del nostro pianeta abbiamo però scoperto l'esistenza di specie che, per certe loro caratteristiche, sono dette estremofile. Di queste specie ho già detto molto parlando di adattamenti estremi, e pertanto già conosciamo pesci e anfibi che sopportano i freddi più intensi, avendo evoluto sostanze anticoagulanti oppure, addirittura, superando indenni il congelamento, e altri esseri che vivono nel caldo più caldo, o in assenza di ossigeno, o perfino nelle rocce, o ancora in ambienti estremamente acidi o alcalini. Di estremofili ce n'è per tutti i gusti. La realtà è questa: non è tanto la qualità della sostanza che la rende inquinante, quanto la velocità del cambiamento indotto. Col tempo, si può affermare, la vita s'adatta a tutto.

Il problema è che noi agiamo, sempre e comunque, troppo rapidamente, perciò le specie s'estinguono: la biologia, in altre parole, non è in grado di tenere il passo della nostra travolgente evoluzione culturale. La scoperta di certi estremofili, però, può aiutarci a cancellare qualche nostro errore. Faccio un esempio. Esistono microrganismi che non solo tollerano il petrolio, ma addirittura se ne nutrono. Ebbene, coltivati in gran numero, possono venire utilizzati per riparare i danni di questo inquinamento. Dal lupo all'estremofilo vale sempre la stessa regola: meglio farsene degli alleati, ricevendo da loro il meglio, piuttosto che distruggerli.

Cani e padroni

Cani e padroni: anche se c'è chi sostiene che il rapporto tra l'uomo e il cane sia molto ma molto più antico (ma io a ciò credo poco) si può senz'altro tornare indietro di almeno quindicimila anni, perché è da allora che con sicurezza dura quest'alleanza. E si tratta di un vincolo affettivo raccontato da un'infinità di testimonianze letterarie, storiche, naturalistiche. Dai primi lupi addomesticati da cacciatori-raccoglitori, di cui parlano gli antropologi, al vecchio Argo di Ulisse, ai tanti cani che accompagnarono la vita e le cacce di Federico II, a quelli di Luigi XIV. Il Re Sole voleva nutrirli personalmente, dormivano con lui. E poi non si può non ricordare il cane «da pollaio» che Thomas Mann ha raccontato in *Cane e padrone*, secondo Lorenz la più bella descrizione dell'animo canino. E c'è il *Flush*, stesso nome per cane e racconto, di Virginia Woolf, c'è la segugia Perla di Renato Fucini (*Le veglie di Neri*). Ce ne sarebbero tantissimi altri. Ebbene, ciò che si scopre è che sempre viene descritta, pur nel variare dei tempi e degli stili di vita, la medesima alleanza, quasi una simbiosi mutualistica.

Ma veniamo all'oggi, ai nostri cani. Dobbiamo infatti considerare, e sono tristi notizie, ciò che sta succedendo ai cani-oggetto di questa nostra età consumistica e stolta. È sufficiente, per farlo, un solo riferimento letterario: il personaggio canino Rorò, descritto da Marco Lodoli in *Cani e lupi*. Rorò è un bassotto che, poveretto, è costretto a muoversi sempre in mezzo al cemento, tra i gas di scarico delle automobili, perennemente provvisto di guinzaglio. Lui si ribella e allora, per giunta, gli viene appioppata una museruola.

Ebbene, nella loro pur così amplia parabola temporale i tanti casi ci mostrano che, a dare fondamento al rapporto tra cane e padrone, sempre sussiste un medesimo, immutabile intreccio tra biologia e cultura. Un patto affettivo suggellato da quell'imprinting esso stesso fenomeno biologico e culturale insieme.

Sviisceriamolo, perciò, questo patto e, per far ciò, scelgo le preziose testimonianze di Konrad Lorenz e di Sigmund Freud. Condividevano, quei geniali studiosi del comportamento, la passione per i chow chow, i leonini cani cinesi. Pochi conoscono il rapporto affettivo che Freud mantenne con quella razza orientale. Ne possedette almeno due, Lun e Jofi, e fu amico di Topsy, il chow della sua allieva Marie Bonaparte, un personaggio, tra l'altro, importante per Freud e per la storia della psicanalisi (ricordo un suo bel saggio su Poe). Importante anche per la storia del chow, perché su tale cane, anzi su Topsy, scrisse un libretto (*Topsy: Chow Chow au poil d'or*, Denoël et Steele, Parigi 1937) che venne tradotto in tedesco nientemeno che dallo stesso Sigmund insieme con Anna Freud. Ma non è tutto; la chicca anzi è questa: una lettera che Freud spedì a Marie e che riporto per i suoi contenuti, esplicativi della qualità dell'amicizia che può instaurarsi tra un uomo e un cane. «Le ragioni per cui si può in effetti volere bene con tanta singolare intensità a un animale come Topsy (o Jofi) sono la simpatia aliena da qualsiasi ambivalenza, il senso di una vita semplice e libera dai confini difficilmente sopportabili con la civiltà, la bellezza di un'esistenza in sé compiuta. E, nonostante la diversità dello sviluppo organico, il sentimento di un'intima parentela, di un'incontestabile affinità. Spesso, nel carezzare Jofi, mi sono sorpreso a canticchiare una melodia che io, uomo assolutamente non dotato per la musica, ho riconosciuto essere l'aria dell'amicizia nel *Don Giovanni* "Voglio che siamo amici".»

Quanto a Lorenz, anch'egli possedette molti chow, per buona parte incrociati con pastori tedeschi. Una vera dinastia; ne cito alcuni: Wolf, Stasi, Pygi, Susi. Nomi che si ripetevano nel tempo entro il lato canino della sua famiglia allargata, come normalmente avviene: per esempio, Wolf II, Pygi II. Erano cani che sempre accompagnavano l'etologo nelle sue passeggiate, nelle sue nuotate nel Danubio. «... quando ne ho fin sopra i capelli del lavoro intellettuale, quando non ne posso più di dire cose intelligenti e di comportarmi come si deve, quando alla vista di una macchina da scrivere vengo colto da una nausea irresistibile, sintomi questi che compaiono verso la fine dell'anno accademico, io divento un cane tra i cani...» Così scrive Lorenz in «Canicola», il più bel racconto di *L'anello di re Salomone*. Lorenz si ritira, con Susi (è di lei che parla nel racconto), dal consorzio umano. Fuggono insieme, liberi, lungo il fiume dalle rive selvagge, nuotano felici l'uno accanto all'altra. Lei caccia topi, lui impigrisce al sole. È l'amicizia allo stato brado, da lupo a lupo. È il perfetto benessere al di sopra dei processi mentali superiori, «come le cinquecento scrofe di Goethe divenute proverbiali».

Confesso di non sapere nulla di questo proverbio austriaco, forse tedesco. Credo però di intuire che in qualche modo alluda alle basi naturali su cui si fonda ogni amicizia. Un'estensione affettiva, spiega l'etologia, del senso di parentela mediato, in questo caso, da quell'imprinting che consente di scavalcare perfino le barriere di specie. Perciò quel cucciolo di lupo che per primo venne adottato, molti millenni fa, da una primitiva famiglia umana, riconobbe in essa la sua famiglia. Perciò nella specie umana scoprì un'estensione della sua stessa specie. E da allora niente è cambiato, una generazione di cani dopo l'altra, un imprinting «allargato» dopo l'altro.

Il bello del possedere un cane sta proprio in questo: lui che diventa uno di noi. Che ci comunica, socialissimo com'è, i suoi sentimenti. Che collabora con noi: la guardia alla casa, la guida del gregge. Che, soprattutto, ci ama. Ed è questo che, oggi che ci siamo quasi tutti inurbati, massimamente vogliamo. Non raramente scoprendo in lui, così bisognoso di cure, così dipendente da noi, un eccellente sostituto di quel cucciolo umano sempre più spesso assente.

Questo sembra essere il nuovo ruolo che prepotentemente si fa largo tra le tante potenzialità proprie del comportamento canino. Un sostituto che, oltre tutto, la selezione ha in molte razze, le più adatte allo scopo, infantilizzato. E che amiamo nutrire, coccolare.

Una storia che dà da pensare. Prima di concluderla, però, voglio ricordare un altro elemento che rinforza l'idea, che così bene s'intuisce dalla lettera di Freud, del cane inteso come parente. Il fatto che, sempre più, prendano piede i cimiteri canini. Basta, per scoprire queste «parentele da imprinting», quanto scritto sulle lapidi. Sono pseudomamme, pseudobabbi umani che piangono i loro figlioli pelosi morti anzitempo perché la loro vita, purtroppo, è più breve della nostra. Byron fu, al proposito, un precursore. Quando morì il suo adorato terranova, fece erigere nell'abbazia di Newstead, in Scozia, un monumento alla sua memoria. Sopra vi stilò questo epitaffio: «In questo luogo / è deposta la spoglia di uno / che fu bello senza vanità / forte senza ferocia. / Egli possedeva tutte le virtù / dell'uomo senza i suoi vizi. / E questa lode / che non sarebbe che una mendace adulazione / se di resti umani si trattasse / non è che un giusto omaggio / alla memoria di Botswain / che nacque a Terranova nel maggio 1801 / e morì a Windsor il 18 novembre 1815».

D'altro canto oggi si prende seriamente in considerazione l'inserimento del cane di casa nello stato di famiglia. E sembrerebbe una buona cosa, anzi lo è. Eppure la crescente tendenza all'umanizzazione, peggio ancora quella infantilizzante, da un lato ci fa perdere alcuni dei lati più gradevoli del possedere un cane, dall'altro rende infelice l'animale stesso. Perché un cane è un essere che, se ben cresciuto, è intelligente e responsabile. Sa accompagnarci libero, senza mai combinare guai, allegramente. La protettività dei padroni moderni, invece, e soprattutto il limitante guinzaglio, usato sempre e comunque, stanno costruendo cani irresponsabili e iperaggressivi perché, sempre costretti, rimangono incompetenti del mondo. Del come gestire le proprie relazioni sociali, soprattutto. Con cani così, va a finire, che stiamo perdendo moltissimo. Per esempio il grande piacere (Lorenz insegna) di andarcene a zonzo con il nostro libero cane. Così come s'è sempre fatto da che mondo è mondo.

Devo confessare che, a dare la botta finale al mio pessimismo sul futuro del nostro rapporto col cane, è stata la recente scoperta della messa in vendita di tapis roulant «per cani che non fanno abbastanza moto». Maledetto consumismo: non erano sufficienti le magliette di strass e le spruzzate di, per loro nauseante, confondente profumo? Poveretti quei cani che, in quest'ottica moderna, «hanno tutto». Sì, perché hanno tutto tranne quello che a loro piace.

Così si distrugge la splendida – per loro, per noi – passeggiata. Ludica, sociale, esploratoria. I cani costretti a muovere le zampe su un pavimento scorrevole. Senza odori, senza incontri, insomma senza uno straccio di motivazione. E i loro padroni, intanto, guardano la televisione.

Quando l'uomo imita la natura

Fin dall'antichità l'uomo ha copiato la natura, o così almeno si crede. E Leonardo, probabilmente, più di tutti. Compì osservazioni sul volo degli uccelli, dei pipistrelli e di diversi insetti. Gli servivano per sviluppare i suoi avveniristici tentativi di volo umano. Ed è straordinario che l'umanità mai abbia smesso di trarre ispirazione dal comportamento animale per inventare (o ispirarsi, o copiare?) qualcosa di utile per la nostra specie. Sempre a proposito di volo e per venire all'attualità non si può non ricordare che l'avventuroso e splendido Angelo D'Arrigo, prima della sua tragica scomparsa, stava proprio studiando, al fine di migliorare le prestazioni del suo velivolo, l'effetto delle terminazioni «a mano» delle remiganti dei condor andini sulle correnti ascensionali che avrebbe dovuto affrontare.

Gli esempi, a ogni modo, sono innumerevoli e riguardano anche l'imitazione di materiali e strutture. La chimica, tanto per dire, copia i fili di seta del baco e, recentemente, molto di moda sono, per le loro caratteristiche fisiche, le setole delle zampette dei gechi, che consentono loro di muoversi, ed è fantastico, perfino su un soffitto di vetro.

C'è pertanto da chiedersi perché la nostra specie trovi così spesso nella natura ispirazione per i suoi avanzamenti tecnologici. Ebbene, diciamo intanto che siamo animali culturali e che pertanto è logico che le nostre strategie per stare al mondo dobbiamo inventarcele usando le migliori armi di cui disponiamo. E che tra queste, utilissime, sono sia la curiosità che la capacità imitativa e, ovvio, la nostra grande capacità intellettiva. Niente di strano perciò se stiamo attenti a ciò che accade nel mondo naturale, dove molti dei problemi apparentemente «moderni» sono in realtà già stati risolti da lunghissimo tempo. E, badate bene, si tratta sempre di soluzioni ottime perché, non posso che ripetermi, collaudate dalla selezione naturale. Se esistono, cioè se sono sul mercato della vita, vuol dire che, indubbiamente, funzionano.

Sempre a proposito di questa più o meno supposta imitazione, c'è un fenomeno biologico che viene detto convergenza evolutiva, che poi è quello per cui i delfini, mammiferi, assomigliano ai pesci, così come a questi assomigliavano gli ora estinti ittiosauri, rettili che, anch'essi, avevano conquistato l'acquaticità. La spiegazione della somiglianza è semplice: se animali in origine anche molto diversi e tra loro per niente apparentati penetrano e conquistano il medesimo ambiente, vengono necessariamente sottoposti alle medesime pressioni selettive. È perciò che finiscono per somigliarsi. Non c'è alcun dubbio: se ci si deve muovere nell'acqua, per rimanere nell'esempio dei pesci e dei delfini, la forma idrodinamica è, in ogni caso, la soluzione ottimale. Non è però che quelli che si sono evoluti dopo (i mammiferi) abbiano consapevolmente copiato la forma dei pesci e degli ittiosauri. Tutto è avvenuto al di fuori della loro volontà. Se però il discorso l'allarghiamo inserendo una qualche struttura tecnologica, come potrebbero essere i sottomarini, che pure necessariamente sono, come pesci e delfini, idrodinamici, ecco allora che, in questa culturale convergenza, un po' di consapevolezza potrebbe anche esserci.

Ciò che è certo – e questa è un'importante cognizione – è che la selezione naturale funziona sempre, non solo coi prodotti della natura, ma anche con quelli prodotti dalla cultura umana.

Ora poi, credo proprio, è iniziata una nuova fase, quella figlia delle biotecnologie. Fase che, figurativamente, potrei chiamare «della fotocopiatrice». Si tratta di questo: quando qualche prodotto biologico per qualche motivo interessa, si chiede all'organismo adatto (spesso un batterio) di fotocopiarlo inserendo nel suo patrimonio genetico quel frammento di Dna che lo fa produrre in natura, o in piante o in animali. Ai miei studenti del corso di biologia già da più anni insegno come sia possibile produrre con queste tecniche raffinate insulina su scala industriale, cioè in grandissima quantità, invece che trarla dal fegato di maiali. E insulina, oltretutto, di qualità molto migliore. È proprio di questi giorni, inoltre, la notizia che, sempre dei batteri, sono in grado, a seguito ancora di un'operazione di ingegneria genetica, di produrre il filo resistentissimo della ragnatela della velenosissima vedova nera, filo che pare abbia una resistenza e un'elasticità veramente straordinarie.

A chiusura di questa lunga storia mi piace infine proporre quest'intrigante quesito: perché se un castoro costruisce una diga siamo tutti d'accordo che si tratti di un evento naturale, mentre se la diga la fa l'uomo (magari ispirandosi proprio al castoro) allora diciamo che si tratta di una struttura artificiale? Eppure, se ci pensiamo bene, le capacità di produrre cultura, e pertanto anche quelle di costruire artefatti, fanno parte, senza alcun dubbio, della nostra natura biologica.

La legge del branco

Se alcuni esseri umani, uniti da particolari vincoli, compiono una qualche azione terribile e malvagia, viene spontaneo, per descrivere quel «gruppo selvaggio», usare il termine branco. Purtroppo la parola odora forte, e in senso negativo, di zoologia. Perciò l'utilizzarla per raccontare quell'umana ma «bestiale» coalizione sottintende che quegli esseri hanno, purtroppo, smarrito la loro umanità. Si manifesta in loro la forza irriflessa e bruta d'una natura primitiva e crudele.

Questo si pensa e questo, con quell'uso della parola branco, si vuole comunicare. E d'altro canto mai si utilizza quel termine se si vuole parlare, per esempio, di una squadra di calcio o di una pattuglia di ambientalisti o, ancora, di un drappello di «creativi» che, seduti attorno a un tavolo, dibattono su come impostare la prossima campagna pubblicitaria. Tante parole esistono per loro e, se non bastano, le si mutua, com'è di moda, dal francese (équipe) o dall'inglese (staff, team).

È interessante, forse anche utile, tentare al proposito dell'uso e del non-uso della parola branco un approfondimento e l'etologia, umana e comparata, può dirci molto. Può, sorprendentemente, anche farci mutare l'idea preconcetta che quel male si nasconda nella natura, piuttosto che nella cultura.

L'etologia ci insegna che c'è un fenomeno che accomuna i gruppi, umani e non umani: la ritualizzazione. Ho ben presente – li conosco bene – i riti che precedono e concludono le spedizioni predatorie di carnivori sociali come i lupi, i licaoni, le iene macchiate e tanti altri predatori (pure acquatici come le orche) che fondano sulla solidarietà e sulla coordinazione all'interno della muta il loro successo. Sono riti frenetici e prolungati di reclutamento, rassicuranti riti ludici di saluto e d'amicizia, riti di sottomissioni spontanee al capobranco, e tutti s'esprimono con movenze stereotipate, con ben definiti contatti fisici, con vocalizzazioni in qualche caso stupefacenti come sono, per esempio, i cinguettii che sembrano d'uccelli che caratteristicamente aprono e chiudono ogni spedizione di caccia dei licaoni. La funzione è sempre la medesima: conferire identità e compattezza, rinvigorire i legami d'amicizia e quindi la solidarietà tra i membri del gruppo. Solo così il gruppo, un'unità coesa e chiusa in sé, può funzionare. Ed è esattamente, in termini di analogia, ciò che accade nei gruppi umani. Pensate alla evidentissima, spettacolare ritualizzazione che ci propongono le squadre di calcio e di altri sport di gruppo. Poco conosco, ma posso immaginarli, i riti che avvengono all'interno degli spogliatoi (cui tanta importanza si conferisce), ma so ciò che vedo sui campi di gioco. Tutti assistiamo, almeno in televisione, all'immancabile spettacolo degli atleti che si tengono per mano cantando (e guai se non lo fanno), tutti abbiamo visto il rituale bacio che viene dato sulla pelata del portiere della nazionale francese, o il toccarsi l'un l'altro fortemente le palme delle mani dopo che s'è segnata una rete (detto fare il cinque), o il baciare la maglia da parte di chi ha fatto un punto (segno d'attaccamento alla squadra), e infine le scivolate rituali dopo un incontro vinto, e poi gli abbracci e le corse intorno al campo. Uomini e licaoni, che differenza c'è?

Del resto è noto, la squadra (o branco o muta o staff, di orche o di creativi) funziona meglio (o solo) se c'è «lo spirito di gruppo», e la ritualizzazione proprio a questo serve: a unire all'interno, a tagliar fuori gli altri, gli estranei, i «nemici». E quanto al «branco» umano, cioè quello maledetto, le cronache ci informano che è, anche lui e forse anche più, infarcito di riti, perfino nella macabra liturgia delle sue malefatte. Buona o cattiva che sia la finalità, una certa dose di ritualizzazione è dunque una caratteristica etologica pressoché indispensabile.

Parlando di animali, e pensando al «perfido branco umano», ho subito pensato – chi non l'avrebbe fatto? – a predatori (non si dice *homo homini lupus*?), ma sono molto informative anche le prede, perché pure per le strategie antipredatorie il fare gruppo può essere essenziale. Uccelli e mammiferi fanno azioni collettive di disturbo (*mobbing*) nei confronti dei predatori manifestando una ben coordinata aggressività difensiva. I riti, in questo caso, sono spesso il risultato evolutivo di una interna conflittualità tra motivazione ad attaccare il predatore e paura dello stesso. Tipico è il caso delle allodole che aggrediscono, tutte insieme, la civetta. Ma non è questo, tuttavia, il punto più interessante delle difese di gruppo. Chi abita a Roma può talora assistere, al tramonto, allo splendido spettacolo delle schermaglie aeree tra un falco pellegrino e i grandi voli di storni. Le formazioni di questi uccelli gregari subiscono, all'apparire del rapace, un subitaneo e assai funzionale cambiamento, concentrandosi in uno stormo compatto e nero, che è la risultante di un sincrono e coordinato comportamento dei singoli. Gli storni infatti alla vista del predatore s'avvicinano l'un l'altro e iniziano a volare, per sociale facilitazione, con la straordinaria capacità di muoversi in sincrono. Se uno volta tutti voltano, se uno s'abbassa tutti s'abbassano. Uno spettacolo, soprattutto se si ha la possibilità di una visione ravvicinata, impressionante, perché tutti gli individui fanno esattamente la medesima cosa nel medesimo momento, e l'efficacia antipredatoria della manovra è notevole. Il falco infatti non è in grado, per timore della gran massa scura ma anche per l'impossibilità di fissarsi su un singolo bersaglio, di abbattersi come è solito su una preda definita e mirata. Lo si vede infatti – è questa la sua contromossa – compiere attacchi frenati, ed è soltanto così che riesce a determinare la fuoriuscita dal gruppo di qualche individuo terrorizzato che scompostamente fugge da solo. E sarà proprio su questi uccelli che non fruiscono più della copertura del gruppo che avrà luogo l'effettiva predazione.

Il medesimo fenomeno della compattazione e del movimento sincronizzato può ammirarsi, in presenza di un grande predatore, anche nei banchi dei pesci, e mi piace coinvolgere anche questi più primitivi vertebrati perché alcuni etologi, studiando le azioni antipredatorie dei banchi di certe specie, hanno evidenziato come l'immensa massa di piccoli pesci venga ad assumere la forma e la consistenza di un unico grande individuo. Un unico grande pesce. Quest'ultimo caso può, meglio di ogni altro, sottolineare come talora il gruppo davvero annulli le singole individualità in favore di quella sorta di superindividuo che è il gruppo stesso.

Ecco dunque cosa massimamente significa, dall'uomo al pesce, fare – nel bene e nel male – gruppo. Finora mi sono soffermato esclusivamente sulla fenomenologia e sulle funzioni dei gruppi, siano essi più o meno selvaggi. È ora il momento di occuparci del determinismo. Dal pesce ai lupi, ai licaoni, alle iene, il comportamento è istintivo, cioè fortemente influenzato da un diretto controllo genetico. Nella nostra specie, invece, pur essendoci assai verosimilmente una certa predisposizione genetica (soprattutto, si pensa, negli individui di sesso maschile), il fenomeno è, nel suo manifestarsi e nella sua grande diversità all'interno della specie, culturale.

Ciò che mi piace sottolineare, in questo succinto excursus di carattere evolutivo, è che anche in qualche altra specie i riti e le finalità del branco possono essere culturali. Il che significa, in parole semplici, che modalità e funzioni vengono trasmesse per via di apprendimento. Tra queste specie emerge, e non è un caso considerata la sua grande parentela filogenetica con la nostra specie, lo scimpanzé. Già più di una ventina di anni fa

Frans de Waal, nel suo *La politica degli scimpanzé. Potere e sesso tra le scimmie* (Laterza, Roma-Bari 1984), aveva documentato i vari meccanismi alla base delle speciali coalizioni che formano questi primati. S'è così appreso come avviene il reclutamento dei sostenitori, il significato delle varie esibizioni, in particolare degli abbracci e dei saluti, soprattutto se rivolti o non rivolti a individui esterni alla coalizione. S'è infine appreso l'uso politico della spartizione della carne predata e, in senso più generale, della pratica dell'«oblatività». Poi, in anni più recenti, una documentaristica di alto livello (della National Geographic Society e della BBC) ha messo a disposizione una casistica impressionante che addirittura illustra, in certe popolazioni soltanto (così di norma è per le abitudini trasmesse attraverso l'apprendimento), il formarsi di gruppi che praticano abitualmente l'infanticidio seguito dal cannibalismo. Veri «branchi», questa volta quasi umani, proprio nel senso dato alla parola all'inizio dell'articolo.

Per venire, infine, all'*Homo sapiens*, sembra esistere, come negli altri vertebrati sociali, una tendenza a fare branco che ricalca quelle che sono le regole generali, e cioè l'uso della ritualizzazione e la soppressione o l'attutimento dell'identità dell'individuo in funzione di quella emergente del gruppo. Per quanto concerne però la qualità e la modalità dei riti e le finalità dei gruppi, l'uomo non sembra possedere ben definite istruzioni di ordine genetico. Così succede che la nostra cultura, suddivisa in infinite varianti e trasmessa da tanti maestri, buoni e cattivi, produce gruppi d'ogni tipo, anch'essi buoni e cattivi. I cosiddetti branchi di cui purtroppo la cronaca deve frequentemente occuparsi ne sono la rappresentanza più patologica, ma questa patologia non risiede nei fondamenti biologici della nostra specie, bensì nel crescente marasma delle varianti culturali.

Cause prossime, cause remote

C'è stato un tempo in cui ogni essere umano era un naturalista. Poi tutto è cambiato. Come scrisse Neruda «noi non siamo più quelli di allora».

Faccio un piccolo esempio che dovrebbe essere moltiplicato per mille, per diecimila. In Asia e in Africa vivono uccelli, i buceri, provvisti di un becco grande e mostruoso e caratterizzati da un'inconsueta abitudine. Ogni maschio chiude, costruendo un muro d'argilla, l'apertura del nido, imprigionandovi femmina e figli. Questi rimangono così murati vivi per mesi, in contatto con l'esterno solo attraverso una piccola apertura che serve per introdurre il cibo. La prolungata clausura ha la funzione di difendere i prigionieri dai predatori, e tutto funziona se non subentra la specie umana. In questo caso la difesa diviene una trappola micidiale. Gli indigeni scoprono (ma forse sarebbe meglio dire scoprivano, perché l'antica sapienza si va vanificando) i nidi grazie ai semi che germogliano, come peculiari piccoli vivai, ai piedi dell'albero, portati e fertilizzati dagli escrementi espulsi dal nido. Gli indigeni più esperti addirittura arguiscono (o arguivano?) l'età dei piccoli dall'altezza delle pianticelle. Sapevano così, esattamente, quando era il momento di prelevarli. Una storiella, un aneddoto questo del bucero, ma anche il frammento d'una conoscenza delle cose della natura che ha caratterizzato per centinaia di migliaia d'anni l'umanità.

Ripercorrere l'evolversi di quell'antico stile di vita è a mio parere essenziale se si vuole comprendere cosa ha portato l'umanità a produrre poi quell'emergenza ambientale in cui ora praticamente è coinvolto, si potrebbe dire, ogni vivente. L'esercizio è utile perché l'impatto umano sulla natura deriva, in definitiva, solo da un fatto culturale. Se di ciò s'avrà consapevolezza, risulterà facile comprendere che un positivo evolversi della scienza della conservazione potrà attuarsi solo se, accanto ai palliativi finora dedicati alle cause recenti del degrado, si opererà sulla causa remota, una cultura divenuta sempre più maladattativa.

Lévi-Strauss, ne *Il pensiero selvaggio*, scrive: «La straordinaria confidenza degli abitanti del luogo con l'ambiente naturale che li circonda, la grande passione a esso dedicata e le precise conoscenze specifiche, spesso sorprendono gli studiosi mettendo in evidenza il diverso livello di interessamento tra le popolazioni indigene da un lato e i viaggiatori bianchi dall'altro». Ebbene, per superare questa sorpresa, basta pensare che, per la gran parte della sua storia, l'umanità è vissuta esclusivamente di caccia e di raccolta. Ciò ha implicato la necessità di una conoscenza approfondita della natura. Solo essendo un naturalista l'uomo dei primordi poteva stare al mondo, e del resto non esiste cultura di cacciatori-raccoglitori che non possieda, tra l'altro, una sua sistematica sufficientemente raffinata quanto a potere discriminante delle differenti forme di vita.

Ma veniamo al punto: l'antico equilibrio uomo/natura. I cacciatori-raccoglitori avevano un modo di stare al mondo che consentiva di prelevare risorse dall'ambiente senza depauperarlo. Ciò si realizzava seguendo una strategia, denominata K, analoga a quella di molte specie animali, come l'aquila, la lince, il lupo, per citare le più note. Questi animali sono distribuiti nel loro habitat all'interno di territori, detti trofico-riproduttivi, di dimensioni tali da risultare ben calibrati, per produttività, così da consentire un corretto prelievo delle risorse. In altre parole, con la strategia K le specie proporzionano a priori le dimensioni delle loro popolazioni, ed è proprio questo che consente a queste specie «previdenti» di mantenersi in equilibrio con l'ambiente. Ebbene, anche nel caso della nostra specie, sia che si tratti di aborigeni che cacciano canguri nelle assolate lande australiane o di pigmei che insidiano elefanti nel cuore dell'Africa, le regole rimangono le stesse e, in ogni modo, essenziale è sempre la proporzionalità tra produttività, dimensione del territorio e gente che ci sta dentro. Affascinante è scoprire come tutti i cacciatori-raccoglitori vivano, erratici all'interno dei loro ampi territori, nello stesso modo, abbiano gruppi più o meno della medesima dimensione, abbiano sviluppato tabù limitanti le nascite e il prelievo delle risorse.

L'uomo però è un animale culturale. La strategia K, contrariamente alla lince e all'aquila, non l'ha scritta nei suoi geni, ma nella sua cultura. Così gli è stato possibile, a seguito d'una fondamentale nuova acquisizione culturale, cambiare radicalmente e rapidamente la sua strategia per stare al mondo. L'uomo, all'incirca diecimila anni fa, ha imparato a addomesticare animali e piante e ciò, si potrebbe dire, è stato l'inizio del presente. Tutto nasce da lì, nel bene e nel male.

Addomesticamento vuol dire avvento della pastorizia e dell'agricoltura. Significa cioè progressivo incremento delle risorse, dunque definitivo scollamento tra demografia e territorialità. Compaiono la sedentarietà, i primi agglomerati abitativi stabili, villaggi e città, il possesso di beni in grande quantità. Inizia, soprattutto, l'incremento demografico. Ebbene, per continuare l'analogia con altre specie, in natura esiste anche la strategia R, che trova la sua estrema esemplificazione nelle specie cosiddette «fuggitive», come i lemming, come le cavallette, specie opportunistiche che però possono permettersi di sfruttare le risorse fino a esaurirle perché stanno pur sempre all'interno di un sistema naturale che questo «distruggi e fuggi» lo contempla. E lo stesso poteva anche dirsi per i primitivi agricoltori, pure loro, a causa della carente tecnologia, necessariamente «fuggitivi» perché incapaci di sfruttare a lungo i loro coltivi. Oggi però, se vogliamo descrivere il nostro stato sul pianeta, possiamo affermare, per mantenere l'immagine, di essere dei «fuggitivi» che, a causa dello spropositato, innaturale incremento demografico, non sappiamo più dove fuggire.

L'impatto dell'uomo sulla natura, però, non è solo di ordine quantitativo. Con l'agricoltura, con la pastorizia, l'aumento della produttività non dà solo inizio all'incremento demografico, fa anche sì che non tutti gli uomini debbano più preoccuparsi di procurarsi direttamente il cibo. Mentre con lo stile precedente ogni uomo era cacciatore, ogni donna era raccoglitrice, si assiste al fiorire delle specializzazioni culturali. Costruttori di strade e di utensili, guerrieri, ragionieri e scrivani, sacerdoti, medici e stregoni. Tanti altri specialisti ancora. E poi inizia una distribuzione non equalitaria della ricchezza e del potere. Come conseguenza di ciò si instaura, e ha un peso enorme, quella gerarchia delle gerarchie per cui il parere di un sacerdote o di un guerriero pesa di più di quello di un pastore o di un contadino. È all'interno di questa diversità culturale che prende sempre più consistenza, perché propria delle culture dominanti, l'illusoria idea dell'uomo fuori della natura, oppure al di sopra. È così facile comprendere come la cultura naturalistica perda progressivamente peso. A troppa gente importante conoscere le scienze naturali non serve più, e d'altro canto s'accresce in loro la convinzione di una natura a disposizione, da cui si può prendere all'infinito. Problemi come la perdita della biodiversità, l'aumento della desertificazione o la terribile diminuzione della pescosità dei mari cominciamo a sentirli solo ora, e ne è passato del tempo. Per migliaia di anni siamo vissuti, suggestionati da speculazioni di ordine filosofico e religioso, presuntuosamente convinti che la natura fosse al nostro servizio.

Questo è il problema: migliaia d'anni di evoluzione culturale hanno insegnato all'uomo – e fino a ieri ha funzionato – a tener conto, nel definire le sue scelte e le sue azioni, solo dei profitti a breve termine, ignorando le ricadute negative d'ordine ecologico sui tempi lunghi. Se taglio una foresta, è ovvio, qualcosa ci devo pure guadagnare; ciò di cui non mi sono mai preoccupato sono, per esempio, i cambiamenti climatici e i cataclismi, frane e dissesti vari, che da questi tagli derivano.

Occorre dire che, purtroppo (ma forse non poteva essere che così), l'ecologia applicata s'è sviluppata inizialmente soprattutto a seguito della percezione dei cosiddetti campanelli d'allarme. S'è perciò dedicata, come si suol dire, massimamente a inseguire l'emergenza. Esempi: se c'è un inquinamento disinquino, se una foresta brucia spengo l'incendio, se una specie si sta estinguendo la proteggo. Ma può bastare? Si dice che non è un bravo medico quello che della malattia cura soltanto i sintomi e non la causa. Ebbene, la causa remota di ogni dissesto ecologico è, senza eccezione, una cultura sbagliata. È pertanto a questo livello che occorre operare.

È suggestivo pensare che, diecimila anni dopo, l'uomo, pur nella sua modernità, sia nuovamente obbligato a riconoscere la centralità della cultura naturalistica. Perché, obiettivamente, potrebbero mai le culture dell'economia, della politica, della religione, della filosofia, delle cosiddette scienze umane, regalarci un sistema e uno stile di vita utile per il nostro benessere e per la sopravvivenza, pur continuando a trascurare le regole della natura e della vita?

Le cure parentali

Quando si dice «la sapienza della specie» mi viene da pensare che una gatta primipara sa sempre, e con la giusta tempistica, come agire per tirar su i suoi figli. A far capo dal liberare i neonati dagli annessi embrionali fino all'ultima cura, l'emancipazione di una prole ormai in grado di cavarsela da sé. E in mezzo ci sta tutta la trafila: l'allattamento, il trasporto, se serve, da un rifugio all'altro, la prima alimentazione a base di cibo predigerito, la didattica della predazione.

Ricordate quel piccolo pesce d'acqua dolce, lo spinarello? È lui che sventaglia con le pinne le uova per mantenerle opportunamente ossigenate. Col variare della temperatura saggiamente accelera o rallenta il movimento, così da mantenere sempre ottimale la concentrazione d'ossigeno. Esistono altri pesci, questi a incubazione orale (Ciclidi), che, nel periodo in cui gli avannotti stazionano nelle loro bocche, smettono di assumere cibo. Sia questi che lo spinarello, al termine delle cure, sono diventati, per il sacrificio, veramente pelle e ossa, ma va bene così, perché ciò che in natura conta è innanzitutto il benessere della prole.

Anche tra gli invertebrati esistono cure parentali assai raffinate. M'è capitato di assistere a quelle degli scorpioni. I piccoli, appena nati, si arrampicano sul dorso della madre transitando per le sue chele tenute appositamente abbassate. Quindi si concentrano sul dorso e solo allora la madre inizia a muoversi portando con sé la brulicante nidiata. Ma che accade se un piccolo viene, per così dire, sbalzato da sella? Nessun problema: la madre subito riabbassa una chela per la risalita.

Pure tra gli insetti esistono esempi istruttivi. Perfino le delicate farfalle non scherzano quanto a precise istruzioni su come tirar su la prole. Sanno infatti scegliere, servendosi di speciali organi gustativi posti sulle zampe, su quali specie vegetali deporre le uova così che le larve possano sempre ricevere l'alimentazione che sono attrezzate a digerire.

Gli esempi potrebbero continuare all'infinito. Il concetto è chiaro: le altre specie sanno perfettamente come tirar su la propria prole. Perché noi no?

Il fatto è questo. Il raggiungimento dello status di umani molto ci ha regalato ma molto ci ha anche tolto. L'evoluzione verso *Homo sapiens* (e verso le altre specie di *Homo* ora estinte) è stata infatti segnata da una massiccia perdita di istinti compensata però da istruzioni trasmesse culturalmente. La sapienza della specie, ereditata geneticamente, è dunque stata per gran parte sostituita da un'altra, trasmessa culturalmente. Abbiamo così certamente guadagnato in fantasia, in maggiore diversità tra gli individui e tra i gruppi, soprattutto in apertura al rapido cambiamento. In definitiva in libertà. Si nasconde però, in questa parola bellissima, la possibilità sì di fare bene ma, in alternativa, anche di fare molto male. È, questo, uno specifico decisamente umano e, devo dire, non è da poco sia nel bene che nel male.

Ecco allora che perfino le regole, pur così importanti, delle cure parentali, nell'uomo vengono trasmesse quasi esclusivamente per via d'apprendimento sociale, e ciò ha un suo preciso perché. Solo così, infatti, un essere essenzialmente culturale può tenere il passo con quel continuo cambiamento che caratterizza il suo mutevole stile di vita. Se così non fosse, tanto per dire, le nostre modernissime signore non potrebbero far altro che comportarsi esattamente come le ben più antiquate signore boscimane del Kalahari. Perché l'istinto, dipendendo dall'evoluzione biologica, non è, sui tempi brevi, modificabile. Stesso modo per partorire accucciate, stessa lunghissima durata dell'allattamento (obbligatoriamente al seno), stesso passaggio bocca a bocca di cibi premasticati.

Ve le immaginate? Altro che omogeneizzati e pannoloni. Insomma, o si è culturali o si è istintivi, c'è poco da fare.

Il fatto è, però, che il nostro continuo cambiare procedendo, spesso e volentieri, per tentativi e per non pochi errori, ci ha fatto assistere, anche nella nostra storia più recente, a troppe differenti, talora addirittura opposte modalità di allevamento. Dalla più dura severità al più rilassato permissivismo. E questa palese manifestazione d'insicurezza su cosa bisogna fare, non è, purtroppo, nemmeno il male peggiore.

Devo ancora tornare alla natura. Se guardo infatti a ciò che accade nelle altre specie scopro che, al primo posto nella gerarchia dei valori c'è, senza eccezioni, il benessere e la sopravvivenza della prole. Soltanto l'effettiva e continuativa produzione di generazioni valide può infatti garantire nel tempo la sopravvivenza delle specie. Per esempio, se presenza e attenzione costanti di uno o di entrambi i genitori sono, in una specie, determinanti per la normale crescita della prole, questa presenza e questa attenzione ci saranno, costi quel che costi. Prendete la solita gatta e provate ad allontanarla dai suoi cuccioli. Impazzirà pur di tornare da loro. Oppure, pensando al caso dei pesci a incubazione orale: loro, se mangiando rischiano di ingoiare qualche figlio, semplicemente smettono di farlo. Prima vengono i figli, poi tutto il resto.

Ma che succede nella nostra specie? È questo, indubbiamente, un aspetto controverso e delicato. A voler essere semplicemente prudenti si potrebbe osservare che, quanto a gerarchia dei valori, nella nostra specie c'è, almeno nei fatti se non nelle intenzioni, una palese mancanza di chiarezza. Non raramente, però, non può non risultare indubbio come altri valori prepotentemente scavalchino quello in origine primario delle cure parentali. E in questi casi, siccome il nostro stile di vita viene trasmesso per via d'apprendimento da genitori a figli, se i genitori, a causa di questo scavalcamento, risultano, per qualche motivo, distratti o addirittura assenti, allora i figli i modelli non possono far altro che andarseli a cercare dove possono. E non sempre si tratta di buoni modelli, con conseguenze immaginabili. Bullismo, droghe e via discorrendo, appunto.

La constatazione è indubbiamente pesante ma, si badi bene, in ogni caso non dovrebbe – sarebbe ingiusto oltre che inutile – contribuire a fabbricare nei tanti, chiamiamoli così, genitori in carriera, troppo pesanti sensi di colpa. Ciò perché, obiettivamente, la situazione risulta ormai così culturalmente radicata da scavalcare del tutto, nella quasi totalità dei casi, le responsabilità dei singoli individui. Dobbiamo piuttosto renderci conto che è stata soprattutto l'evoluzione del nostro sistema sociale a imporre una nuova e differente gerarchia dei valori. Tutto ciò, verosimilmente, per creare più spazio alla produttività o, anche, semplicemente per soddisfare il desiderio di emancipazione da compiti ritenuti troppo gravosi, con l'illusione di avere nel contempo trovato, di volta in volta, valide soluzioni alternative per le cure parentali. Il che, in realtà, non è mai avvenuto. Basta pensare che, nella nostra società, le patologie comportamentali infantili almeno parzialmente provocate da cure parentali carenti o errate, come l'iperattività, l'enuresi, i tic, i disturbi dell'apprendimento e del sonno, l'anoressia e la bulimia, sono sempre più frequenti e che, nonostante ciò l'investimento economico e sociale risulta essere quasi esclusivamente rivolto, a posteriori, alla cura dei sintomi, piuttosto che, a priori, a una vera opera di prevenzione. Il che non può mai, com'è ovvio, essere risolutivo del problema di fondo. Perché questo, in realtà, si nasconde nel nostro stile di vita che andrebbe radicalmente modificato così da offrire alle nuove generazioni ciò che esse biologicamente si attendono da noi genitori.

Insomma: l'eredità e l'evoluzione culturale condizionano, una generazione dopo l'altra, la nostra vita. Dobbiamo pertanto comprendere, soprattutto a livello politico e sociale, che per una specie come la nostra le cure parentali non possono limitarsi al solo soddisfacimento dei bisogni materiali. I nostri figli s'attendono ben di più, dai genitori e in generale dal nucleo familiare, sia sul lato affettivo che su quello dell'esemplificazione dei modelli di vita. È la nostra peculiare biologia di animali culturali che esige così.

Fare scuola

Per scuole elementari e medie tira continuamente aria di riforme. Di insegnamento sempre se ne discute e mi piace, per offrire qualcosa di nuovo al dibattito, scavare nella natura, umana e non umana. Di materiale ce n'è, chissà che non sia utile prenderne conoscenza.

Insegnare è, come giocare, come accoppiarsi, come predare, un comportamento. Pertanto, se si vuole impostare un discorso che sia al tempo stesso naturale e comparativo la scienza pertinente è l'etologia. L'insegnamento è però anche, entrando più nel merito, un comportamento sociale, perché insegnare vuol dire passare culturalmente informazioni da una generazione all'altra. Può dunque essere utile anche la sociobiologia, un'altra disciplina delle scienze naturali. Anche da lei, infatti, si può pescare. Ma veniamo al punto e, come si usa da queste parti culturali, partiamo (filogeneticamente) davvero da lontano.

Oggi che i polli nascono in batteria, che la mamma non è più la chioccia ma l'incubatrice, che le galline moderne, fabbricate per fare un'esagerazione di uova, non sanno, in conseguenza di ciò, più covare, non è più tanto facile ammirare il tenero spettacolo d'una chioccia circondata dalla pigolante nidiata. Non è facile ma non è nemmeno impossibile. Così, se si ha la fortuna, ancora si può assistere a un fenomeno raro. Un caso cioè di vero insegnamento in una specie non umana. Perché la chioccia è una maestra naturale. Il suo essere mamma infatti non consiste solo nel dare alla prole un multiplo conforto: calore, cibo e protezione. Consiste anche nel passare un poco di cultura. È una cosa minima, ma l'evento è istruttivo. Mamma gallina infatti insegna, becchettando, offrendo e soprattutto stimolando con vocalizzazioni, cosa è cibo e cosa cibo non è. I pulcini reagiscono allo stimolo sonoro, assaggiano e memorizzano. E di solito l'insegnamento va così liscio che l'osservatore fatica a scoprirne a pieno la valenza culturale. A volte, però, la faccenda si complica. Immaginiamo il caso di un pulcino solitario che, esplorando qua e là, incontri un lombrico. Ebbene, quell'essere inesperto si ritrae impaurito, s'allarma, non osa affrontare la preda, infine s'allontana. Osserviamo ora, invece, il pulcino nel gruppo. È la chioccia per prima che becca il lombrico, lo spezza, invita i figli ad assaggiare. L'osservatore attento a questo punto legge, nel comportamento del pulcino, un misto di paura e di attrazione (un conflitto motivazionale). Poi, sollecitato dal chiocciare insistente e dall'esempio, finalmente il pulcino assaggia il divincolante frammento e sconfigge la paura. D'ora in avanti l'anellide farà parte d'ogni suo possibile menù.

Ho scelto, per parlare di biologia della trasmissione culturale, un caso piuttosto raro. Non è infatti frequente, nei non-umani, che un adulto, un genitore, si impegni perché un giovane, un figlio, acquisisca un'essenziale informazione o abilità. Altro classico esempio è quello della gatta che insegna ai gattini a predare. Qui il rituale è ancora più complesso, perché s'articola in lezioni di crescente impegno, che esigono un progresso comportamentale della prole. E anche la gatta, come la chioccia, è sempre attenta alla didattica che sta facendo e, ciò che è più importante, sa calibrare il suo comportamento pedagogico secondo il profitto dei figli.

Polli e felini, dunque, senza dubbio insegnano. In altre specie invece gli adulti, semplicemente «facendo la cosa», si offrono come modelli ai figli, che apprendono imitando. Ciò che occorre sapere, in ogni caso, è che la possibilità di trasmettere istruzioni da un individuo all'altro per via di apprendimento è di pochissime specie. La norma è che le istruzioni comportamentali che i figli ricevono dai genitori passano attraverso i geni. Ogni generazione, in altre parole, eredita dalla precedente un corredo innato di comportamenti, che poi i singoli sanno integrare, accumulando esperienza, con le loro capacità di apprendimento individuale.

La chioccia coi pulcini, la gatta coi gattini, a ogni modo fanno davvero scuola. Tutti i fenomeni culturali, del resto, nascono dal fatto che gente come i polli, i felini, le scimmie (noi inclusi) e pochi altri possiedono la capacità di trasmettere socialmente l'appreso. E all'origine di questa nuova e rara forma d'eredità c'è una cura parentale che è specifica per la trasmissione per via d'apprendimento di informazioni, abilità, modalità comunicative e tant'altro ancora (dipende dalle capacità intellettive della specie).

Ecco, la prima importante nozione che ci regala l'etologia è che l'insegnamento, in definitiva, non è altro che una cura parentale. Ma c'è di più, e ancora una volta qualche esempio aiuterà. Il primo è un esperimento. Un etologo, P. Chesler, prese dei gattini e li suddivise in tre categorie, cui propose il seguente problema: apprendere a premere una leva, all'apparire di un segnale, per ottenere della carne macinata. I gattini della prima categoria dovevano arrivarci, individualmente, per «tentativi ed errori», quelli delle altre due dovevano invece apprendere da individui dimostratori. Per quelli della seconda categoria il dimostratore era la madre, per quelli della terza era una gatta estranea. I risultati furono netti: mentre i gattini da soli non seppero, nel tempo a disposizione, scoprire la soluzione, quelli col dimostratore v'arrivarono, ma in tempi diversi. Se era la madre bastavano in media quattro giorni e mezzo, se era l'estranea occorrevano circa diciotto giorni. La cosa notevole fu che i gattini con l'estranea non imparavano niente finché quella rimaneva tale, mentre di colpo apprendevano quando, per la prolungata convivenza, la gatta cominciava a rivolgersi loro con atteggiamenti affettivi. Quando, in altre parole, iniziava un processo d'adozione.

Secondo (e ultimo) esempio: è noto che il canto in molti uccelli è trasmesso dal padre ai figli culturalmente. Ebbene, se dei piccoli di un passeriforme, il diamante mandarino, sono allevati da un'altra specie, quando sono adulti cantano come il padre adottivo, ma ciò che qui interessa rimarcare è che questo si verifica pure se nell'ambiente è presente (e cantante) il padre vero, quello genetico. Non conta niente, infatti, la parentela: il mediatore dell'eredità culturale è soltanto il legame affettivo.

L'osservazione di casi non-umani insegna dunque come alla base dei fenomeni di eredità culturale esista una connotazione parentale e come il canale preferenziale, se non unico, per il passaggio dell'informazione sia quello affettivo. D'altro canto, come ebbe a osservare Tennyson che, quanto a maestri, non doveva essere tanto fortunato: «la scuola nulla mi ha insegnato, non avendo nutrito il mio cuore».

Fin qui l'etologia, e su questa base verrebbe da pensare che il vecchio modello con una sola maestra (o maestro) come punto di riferimento per la «pigolante nidiata» non potrebbe che rappresentare qualcosa di ottimale. In verità la positiva memoria e la nostalgia spinge molti di noi a pensarla così. In realtà però quel vecchio e onorevole modello non è, per una specie socialissima come la nostra, che una sorta di utile semplificazione, soddisfacente se il docente è bravo (culturalmente e affettivamente), rischiosa se, come può accadere, non lo è. Se infatti andiamo a vedere cosa succede in natura nelle specie maggiormente sociali, scopriamo (questo è il reame della sociobiologia) che nei gruppi sociali si sviluppano varie forme di altruismo e di collaborazione, e tra queste anche le cure alloparentali, cioè cure materne o paterne prestate però da individui che non sono i veri genitori ma parenti come zie, cugini o fratelli maggiori (nel caso della *kin selection*), oppure semplici conoscenti (nel caso dell'altruismo reciproco). Ecco allora che in una specie molto sociale un gruppo più o meno complesso ed eterogeneo può partecipare alla formazione culturale dei giovani. Certamente il caso degli scimpanzé, i più culturali tra tutti i nonumani, può offrire un'ottima esemplificazione al riguardo. Se poi guardiamo cosa accade nelle culture più primitive della nostra specie, scopriamo che, nei cacciatori-raccoglitori, i bambini e le bambine sono sommersi da alloparenti. Giovani e adulti e vecchi, che in vario modo fungono da maestre e maestri, anche se, è vero, il primo maestro resta pur sempre il padre, la prima maestra la madre.

Questo è dunque il quadro che la natura ci offre. Chissà se questo sguardo all'indietro, alle origini biologiche della trasmissione culturale, potrà, o potrebbe, insegnarci qualcosa. Probabilmente sì, perché nei nostri bambini, nella loro biologia, esistono attese che vanno soddisfatte in quest'ambito, e l'etologia ci spiega che ciò che conta non è tanto (entro certi limiti) il numero dei maestri, ma è che questi sappiano acquisire, col loro comportamento alloparentale, il ruolo di importanti punti di riferimento, sia affettivo che culturale. No, non credo che un gruppo insegnante eterogeneo per diversità culturale, sessuale, d'età, se ben coordinato e assortito, se consapevole del suo ruolo quasi parentale, possa rappresentare, come è stato scritto, una catastrofe antropologica.

Seguendo s'impara

Finché il suo scimmiotto è piccolino mamma langur lo porta in giro tenendolo in braccio. Anzi, a ben pensarci, è lui aggrappato a lei. E talora sembra preoccupato, perché mamma salta di ramo in ramo con una disinvoltura che, almeno a noi umani, pare eccessiva. Poi, però, arriva il momento importante dell'emancipazione. Siccome recentemente ho seguito nel dettaglio com'essa avviene, ve la descrivo. Ecco cosa succede: la mamma deposita il suo bimbo (o bimba) su un ramo e poi, con un salto, va a piazzarsi su un altro distante alcuni metri. Il piccolo, lasciato per la prima volta solo, non è per niente contento. Preda d'un conflitto, da un lato vorrebbe raggiungerla, dall'altro il vuoto un poco lo spaventa. Per tornare con lei, però, non c'è che saltare, e lui infine salta.

Quanto ho descritto è solo l'inizio d'un calibrato insegnamento. La mamma, appena raggiunta, subito si sposta su un altro ramo, un po' più lontano questa volta, e così via. Per farla breve, quell'asiatica scimmia col suo insegnamento regala al figlio competenza e autonomia. Il ragazzino è infatti sempre più felice di saltare da solo di frasca in frasca e d'ora innanzi lo farà per sempre.

Rientra, il caso, in un sistema detto *learning by following*. Seguendo si impara, si potrebbe dire. Sistema assai praticato nel regno animale. Il presente caso, però, è un po' speciale, perché di norma quest'apprendimento avviene dolcemente, senza conflitti motivazionali. Così, come se niente fosse, i giovani di certe specie di uccelli migratori e di mammiferi ungulati imparano, sulla scia degli adulti, i tragitti migratori. Perfino un pesce apprende seguendo. Si tratta di *Haemulon flavolineata*, delle Isole Vergini, che ha l'abitudine di compiere ogni giorno, in gruppo, una piccola migrazione. Anzi ogni sera; è infatti al tramonto che quei pesci raggiungono, lasciando la stazione diurna situata sui coralli, fondali coperti d'alghe ove ha luogo il loro pascolo notturno. E lì spendono la notte. Poi, all'alba, ogni gruppo torna ai suoi coralli, compiendo così il suo pendolariato. Ebbene, inserendo giovani in un gruppo estraneo s'è dimostrato che questi apprendono la nuova via perfettamente, a un punto tale, dopo un po' di avanti e indietro in compagnia, di saper compiere anche da soli il nuovo differente tragitto.

C'è modo e modo, pertanto, di imparare seguendo. Tornando ai nostri langur, grande importanza assume quell'*imprinting* che determina il forte attaccamento tra il figlio e la madre. È infatti proprio questo che, come fosse un elastico che li tiene uniti, costringe il cucciolo a compiere il terribile balzo. In altre parole: tra l'abbandono e la paura del vuoto, il giovane langur sceglie di sconfiggere la paura. Salta e così, oltre tutto, scioglie il conflitto che l'affliggeva.

Poco tempo fa, vedi caso, ho visitato una scuola per cani di salvataggio in acqua della protezione civile, precisamente a Quinto di Treviso. Oltre ai terranova e ad altri cani per natura ed esperienza a elevata acquaticità, erano presenti anche husky, pastori tedeschi, perfino una deliziosa american staffordshire, tutti esemplari cioè senza alcuna specifica vocazione acquatica.

Ebbene, per convincerli si percorreva, e funzionava bene, la via del *learning by following*. I padroni entravano in acqua e i cani venivano sollecitati a seguirli. Dopo una prima fase conflittuale entravano e, gradualmente, nuotavano disinvolti e apprendevano come agire. Proprio come quel giovane langur, solo che al posto della madre c'era il padrone.

Se poi vi interessa un *learning by following* umano, ammirate, su una pista da sci, il maestro seguito dai giovanissimi allievi. Anche questi cuccioli, seguendo e osservando il maestro, apprendono come si fa. Ma ora, per concludere, facciamo un gran salto, considerando una forma di *learning by following* da adulto a adulto, ma farei meglio a scrivere da adulta a adulta trattandosi, pensate un po', nientemeno che di formiche. Il caso è questo: quando una formica del genere *Temnothorax* scopre una fonte alimentare torna al formicaio, un'altra la segue e, così facendo, raggiunge anch'essa la nuova risorsa. L'interessante è che quest'ultima si ferma spesso per imparare la strada e solo quando c'è riuscita sollecita la sua scopritrice a proseguire. A causa dell'inesperta, la prima formica impiega perciò più tempo per tornare alla risorsa, ma in cambio dissemina l'informazione nel formicaio. L'altra formica, infatti, divenuta a sua volta competente, viene subito seguita da un'altra. Dopo un po', infatti, si notano diversi tandem di formiche.

Tanti sono gli animali che apprendono nuovi tragitti seguendo chi è già esperto. Nelle nostre formiche c'è però qualcosa in più: una vera interazione mediata dal linguaggio. L'allieva, comunicando con le antenne, chiede infatti alla sua guida di fermarsi e di ripartire. E la domanda a questo punto è: siamo di fronte a un caso di vero insegnamento?

Come sempre, tutto dipende dalla definizione. Da cosa,

cioè, effettivamente intendiamo per insegnamento. Ebbene, succede così anche nei tandem di formiche? La faccenda, in definitiva, si pone in questi termini: nella maggior parte dei casi non-umani di trasmissione culturale chi possiede l'informazione «fa la cosa» mentre chi la riceve semplicemente l'imita. Nel vero insegnamento, contrariamente, la maestra (sia essa una gatta o una gallina) s'applica in prima persona nel passaggio dell'informazione. Quanto alle formiche, qualcosa effettivamente sembra esserci ma, e questo è il punto, chi comunica non è questa volta la maestra, ma l'allieva. Un caso, quello di questi insetti così sociali, veramente nuovissimo, forse addirittura unico.

Siamo tutti un po' camaleontici

Ricordate *Zelig*, la storia dell'«uomo che cambia»? In quella sua opera Woody Allen dedicò al camaleonte, spiritosamente, anche una canzone e una comica danza. Con quel film intrigante voleva, assai intelligentemente, sottolineare il parallelismo tra il conformismo sempre insito, più o meno, nella natura umana e il mimetismo, di cui il camaleonte è, in ogni caso, il simbolo indiscusso.

Ho trovato, al proposito, una vecchia intervista di Allen, che così afferma: «Secondo me il conformismo è una caratteristica personale presente in tutti noi. Nella vita di Leonard Zelig tutto cominciò quando affermò di aver letto *Moby Dick*. È una cosa che riscontri spesso in molte persone. Qualcuno chiede: hai letto questo o quest'altro? E l'altro, anche se non l'ha letto, risponde: sì, certo, naturalmente. Lo fa perché vuole piacere e far parte del gruppo». E Allen continua spiegando che, se il camaleonte vuole aderire il più possibile al suo ambiente, per noi in fin dei conti non è diverso, solo che per noi l'ambiente è quello sociale.

Devo purtroppo confessarlo: è capitato anche a me di far finta di niente (cioè in pratica, tacendo, di mentire) a proposito di una nozione che davano per scontato possedessi. E ora ripensandoci mi chiedo: perché l'ho fatto? Che interesse avevo? In realtà, posso assicurarlo, niente di concreto. Avrei potuto benissimo dichiarare tranquillamente la mia ignoranza. Chissà, forse aveva proprio ragione Allen asserendo che un po' di conformismo è presente in tutti noi. Il che, a ben pensarci, non sarebbe poi così strano se si considera la nostra grande socialità che, forse inconsapevolmente (istintivamente?), potrebbe spingerci a quel minimo di trasformismo utile per divenire subito parte del gruppo in cui ci troviamo. Se, a ogni modo, così fosse, tra il mimetismo animale e l'umano conformismo potrebbe esistere qualcosa di più di una analogia di superficie. Potrebbe esserci, se lo facciamo istintivamente, un qualche quid concretamente biologico giustificante il singolare parallelismo.

Quando, una quindicina d'anni fa, mi trasferii a Venezia, città dove ormai vivo e lavoro da anni, notai certe espressioni locali che un poco mi sorpresero. Di cui faticavo a capire l'origine. Una è questa: se i veneziani devono dire «dipende» dicono, invece, «conforme». Ora, pensando al camaleonte, che talora istintivamente modifica il proprio colore per aderire all'ambiente che gli fa da sfondo, ho finalmente compreso che, dicendo «conforme», i veneziani, magari inconsciamente ma correttamente, intendono che la loro scelta dipenderà dalle situazioni, sociali o non sociali poco importa, che si verificheranno.

D'accordo, mi sto occupando più di etologia umana che non dell'altra, quella dei non-umani. È l'uomo, in questo caso, che mi incuriosisce. È quel suo conformismo che, almeno in teoria, non è che ci piaccia poi tanto. È ben più «eroico», infatti, pensare con la propria testa, esprimere, sempre e comunque, le proprie idee. Ma se Allen ha ragione, per far ciò dovremmo scavalcare il desiderio di far parte di un gruppo, di non essere soli e diversi. Trattati, magari, con sospetto.

Certo, per il camaleonte tutto è più facile perché lui le «istruzioni per l'uso» le ha scritte dentro i propri geni e di ciò non sa niente. Noi invece semmai avremmo scritto dentro una vaga tendenza e su ciò, siamo fatti così, ragioniamo. Il che provoca la necessità di fare delle scelte che potrebbero essere contro la nostra stessa natura. La verità è questa: la conquistata consapevolezza, la capacità di meditare su noi stessi e sulle cose del mondo va a finire che costano. Noi, in definitiva, abbiamo perso la serenità dell'incoscienza.

Vacanze senza tv

Siamo in vacanza e siamo avidi di un po' di bella zoologia? Di una dose extralarge per tirarci un po' su di morale? Ebbene, ragioniamoci un po' su. Esistono infatti – è bene ricordarlo sempre – due modi assai differenti di possedere gli animali: c'è quello socio-affettivo adatto per il cane, il gatto e gli altri domestici, poi c'è quello, in qualche modo più distaccato, dove prevale il piacere estetico della scoperta e della conoscenza, ed è quello attraverso cui è possibile (ed eticamente accettabile) possedere i selvatici. In definitiva ciò che si porta a casa, che rimane nostro è, se vogliamo dire qualcosa di concreto, l'annotazione, la fotografia, il filmato. Loro, gli animali, li abbiamo lasciati là nella natura e, soprattutto, meno si sono accorti di noi e meglio è stato.

Tanti e diversi sono i selvatici che è possibile osservare. Dalle marmotte delle alte praterie alle aquile, agli aironi, ai delfini, alle esotiche otarie e ai leoni marini. Penso inoltre ai pesci e agli invertebrati delle praterie sottomarine. Non c'è limite, comunque, agli spettacoli che la natura ci offre e ciascuno può sviluppare la sua curiosità.

E allora forza, per una volta spegniamo la tv e gli animali andiamoceli a vedere, ad ascoltare, perfino a fiutare (il profumo muschiato di certi pipistrelli, l'acre odore dei mustelidi) nella natura. Difficile? Non proprio, e poi c'è chi ci aiuta, almeno per i primi passi. Ormai numerosi sono i viaggi naturalistici organizzati, i fotosafari, per non parlare delle oasi attrezzate della LIPU e del WWF, dei corsi di bird-watching. E che dire delle piccole crociere che ci portano, anche qui nel nostro mare, tra delfini, balene e capodogli? L'importante è accendere la curiosità; e quando la sera, stanchi e abbronzati, si ritorna a casa chiedendoci cos'era quella farfalla o che significava quello strano comportamento d'un ermellino, d'una marmotta, d'un picchio, nascerà la voglia, la mattina dopo, di correre in libreria, di comprarci qualche guida, un testo facile di etologia. È così che ci si trasforma, da dilettanti incompetenti, in dilettanti competenti. L'importante è che rimanga il diletto; ma quello rimane, statene certi.

C'è inoltre da dire che, se l'antica persecuzione ha reso schive e sospettose moltissime specie, oggi gli animali delle aree protette, ormai abituati a una presenza umana relativamente innocua, sono avvicinabili fino a pochi metri di distanza. Lo so per esperienza diretta: i gracchi del Parco Nazionale del Gran Paradiso ci si avvicinano fino a 2-3 metri, mentre quelli di altre vallate si tengono a debita distanza. Come ci insegna Sandro Lovari, già negli anni Settanta la distanza di fuga del camoscio appenninico nel Parco d'Abruzzo era in media di 25 metri, mentre quella di aree dove era sottoposto al bracconaggio saliva a oltre i 100. Gli animali sanno adeguarsi e tutto dipende dal nostro comportamento, che deve essere insieme rispettoso e competente.

Iniziando ho immaginato voi, ipotetici lettori, lontano da casa e, in molti casi, immersi perfino nell'esotico. Volendo, però, l'esercizio dell'osservazione lo si può fare addirittura sul balcone di casa, soprattutto se abbiamo organizzato, per i nostri alati coinquilini, qualche cassetta-nido, meglio ancora una mangiatoia. E poi non ci sono solo gli uccelli. Faccio un esempio: recentemente dal Sud sono arrivati fin qui a Venezia, dove abito, i gechi. Loro non solo li si osserva, li si ascolta. Perché nelle notti estive, seppure non divinamente come gli usignoli, anche loro cantano. I miei gechi, ormai, li conosco uno a uno. So dove si nascondono, li osservo predare. Loro non lo sanno, ma possederli è bellissimo.

Per Woody-Boris la natura è un enorme ristorante

Woody Allen, l'avrete capito, è uno delle mie costanti frequentazioni. Mi è così recentemente capitato di rivedere il suo *Amore e guerra*. Il film è vecchiotto, del '75, e decisamente datato, ma Allen rimane pur sempre uno dei miei registi e attori preferiti e così quel tuffo nel passato in definitiva m'ha fatto piacere. Se ve ne parlo, a ogni modo, è solo per via di questo dialogo, che ha luogo quasi all'inizio del film. Sonja (Diane Keaton) chiede a Boris (Allen): «Non è incredibile la natura?». E lui (Woody-Boris), storcendo, da par suo, un poco il naso: «Per me la natura è... non lo so... i ragni, le cimici, il pesce grosso che mangia quello piccolo, le piante che mangiano altre piante... È un enorme ristorante. Così la vedo».

Allen è intelligente, ha un umorismo fine. Mettendo in bocca a Boris quelle parole descriveva, con ironia, quelle persone, e sono tante, che – si potrebbe dire – non la pensano esattamente come Rousseau. Che vedono la natura, o per meglio dire il sottofondo biologico che governa certi, anche nostri, comportamenti essenziali, come un qualcosa di piuttosto disgustoso.

Vi dirò: quella definizione, «l'enorme ristorante», mi ha fatto fare pensieri fastidiosi. Ma è davvero così la natura? Anche perché le catene alimentari non possiamo fingere che non esistano. E se non proprio sempre gli animali si mangiano l'un l'altro, è pur vero che la competizione nella natura è sempre forte. D'altronde la diversità della vita, il fatto cioè che ogni specie si sia trovata un suo spazio, abbia evoluto un suo comportamento, trova pur sempre in quel grande ristorante (con annesso, volendo, qualche altro servizio o negozietto) la sua palestra ideale, il suo potente motore evolutivo.

Ho scritto, prima, comportamenti essenziali. Intendevo essenziali per la sopravvivenza e, dato che parliamo di ristoranti, diciamo pure che quello di nutrirsi v'appartiene di diritto. E certamente non c'è niente di particolarmente «nobile» in un leone che sbrana una gazzella, così come in tante altre necessità primarie. Il bere, il dormire, il costruirsi una tana e via elencando. Se fosse tutto qui il comportamento animale, quanto a «nobiltà» non ci sarebbe molto da stare allegri. Non avrebbe poi avuto tutti i torti quel distintissimo Boris.

Invece, pensate un po', li aveva proprio tutti.

Strano concetto, a ogni modo, quello di nobiltà; resta il fatto che alberga spesso e volentieri nella mente umana. E così, mettendomi nei panni di quella gente là (quella che non la pensa come Rousseau) ho provato a elencare, per mio personalissimo esercizio, un po' di quei comportamenti da quella gente appunto ritenuti «nobili» o, se vogliamo, «elevati». Vediamo un po', mi sono chiesto, la sensibilità artistica potrebbe andare bene? E l'attitudine all'altruismo? E quella alla collaborazione? E il saper produrre pensieri astratti? Sì, direi proprio di sì, e qui, soddisfatto, mi son fermato anche se, sforzandomi un pochino, avrei forse potuto continuare ancora un po'.

Ecco, vedete, ciò che mi piace dell'etologia, che poi sarebbe lo studio della storia naturale dei comportamenti, è che ci consente di comprendere come anche quelli cosiddetti nobili o elevati abbiano una loro base biologica, una loro storia evolutiva, un significato adattativo. La natura, insomma, sarà pure un grande ristorante ma in essa c'è ben di più, ed è proprio perciò che è così utile conoscere l'origine zoologica delle origini di quei comportamenti nobilissimi.

L'uomo, il tartufo e il maiale

Uno si gode un risotto al tartufo, una fonduta o qualcos'altro e, garantito, fa i seguenti commenti: 1) com'è squisito, 2) mamma mia com'è caro! Perché il tartufo è così: è insieme la prima e la seconda cosa che hai detto. Poi però, volendo, ci sarebbe anche la terza: un accenno al suo potere afrodisiaco. Ed è a questo punto che mi piacerebbe, scavalcando i luoghi comuni, raccontare qualcosa di diverso. Qualcosa di molto intimamente zoologico, anche se pochi lo sanno. Dire cioè dei piaceri e dei misteri della raccolta del favoloso tubero.

Oggi si va col cane e c'è chi lo fa per passione e chi per professione. Il cane, però, per sua natura non sarebbe un cercatore di tartufi. Essendo un ex lupo la sua vera passione è, casomai, la caccia, tutt'al più la guardia. Essendo però anche divenuto, per domesticazione, «il miglior amico dell'uomo», col fiuto che ha è un gioco da ragazzi, per lui, apprendere a scoprire quel profumato oro sepolto. Non c'è che da istruirlo e, a ben pensarci, non è poi tanto diverso dal fare il cane antidroga. Certo è che andar per prati e boschi è sempre meglio che fiutar valigie dentro gli aeroporti.

Pure per l'uomo è una gran vita vagare nella luce profumata dell'alba per le colline o farsi carezzare dal solicello di mezzogiorno passeggiando su un variopinto tappeto di foglie. Tanto più se accompagnati da un amico scodinzolante. Quanto al ruolo di quest'ultimo, comunque, possiamo scoprire che, sorprendentemente, esistono altre e più naturali alternative. Animali che, oltretutto, sono provvisti d'una spontanea vocazione ad andar per tartufi.

La prima alternativa possiede sei zampe, perché è una mosca. Pare incredibile, ma fino a cinquant'anni fa c'erano ancora dei tartufai che, spiando il volo di un dittero noto come *Helomyza tuberiperda*, sapevano farsi guidare fino a dov'era nascosto un tartufo. La piccola mosca volteggiava a bassa quota e infine atterrava tra l'erba, si approfondiva nel terreno e, se lasciata tranquilla, deponeva le sue uova sul tubero sepolto. Non restava allora che scavare e il premio, per il tartufaio-entomologo, era garantito.

Storie d'una volta, quando c'era ancora chi la natura la conosceva veramente, e anche la seconda alternativa è acqua passata, perché dobbiamo rifarci alla Russia dei tempi degli zar. C'erano allora dei tartufai, distintissimi in quanto membri della nobiltà, che se n'andavano a cercar tartufi guidati nientemeno che da orsi addomesticati. Immaginarsi, in quei boschi di betulle, lo spettacolo.

Insomma, il punto è questo: sia l'orso che la mosca *Helomyza* hanno un primario interesse a scovare il tartufo. Il plantigrado, un animale che spesso e volentieri scava il terreno in cerca di leccornie guidato da appetitosi profumini, ne è ghiotto. Quanto alla mosca, ha solo scopi riproduttivi, ma in fin dei conti la storia non cambia: sempre si tratta di specialisti in materia. Guidati cioè da essenziali istruzioni genetiche, il che vuol dire, etologicamente parlando, insopprimibili istinti.

Restando in tema, ho lasciato per ultima l'alternativa più concreta e ancora un po' praticata: il maiale o, più precisamente, il maiale femmina. Ma dovrei dire, se proprio volessi partire dall'inizio più antico e naturale della storia, la femmina del cinghiale (la cinghialessa?).

Esiste un filo odoroso che collega l'uomo, il maiale (il cinghiale) e il tartufo. È una sostanza chimica che s'origina nei testicoli sia del maiale che dell'uomo, che poi (non a caso) corrisponde a quella che dà il profumo al tartufo. La sostanza, nei due mammiferi, ha il ruolo naturale di feromone sessuale, cioè di messaggio chimico favorente l'incontro, e la scelta, a scopo riproduttivo.

E ora soffermiamoci sul tartufo, sulla sua fama antica (almeno medioevale) d'afrodisiaco, e sul fatto che l'uomo ha sempre usato, e ancora un po' usa, specialmente in Francia, anche il maiale femmina per scovare tartufi. Tutto risulta collegato: la scrofa è attratta dal tartufo perché così l'ha costruita madre natura, cioè l'evoluzione. Ma perché – è questa la domanda chiave – il tartufo ha proprio quel profumo? Occorre, a questo punto, rifarsi al selvatico progenitore, il cinghiale, e comprendere il suo ruolo naturale di disseminatore. Il tartufo infatti profuma, per le cinghialesse, di sesso, e ciò le guida a uno scavare mirato. Il lauto pranzo che ne consegue produce come effetto secondario (o principale, dipende dall'ottica) la fuoriuscita delle spore, il loro trasporto appiccicate al grugno, il susseguente disseminamento in altre terre.

Quanto all'uomo, abbiamo visto, possiede, anche se ormai mascherato da fior di deodoranti, lo stesso feromone del maiale e di altri mammiferi, ed è stato dimostrato che i maschi adulti della specie umana aumentano significativamente la loro attenzione e preferenza per soggetti femminili se vengono diffuse molecole del feromone.

Sono partito da risapute battute postprandiali e termino offrendo un ulteriore contributo, piuttosto stravagante, al tema. Quando avvenne la scoperta che la presenza del feromone incide sulle scelte degli individui di sesso maschile a favore di quelli femminili, ci fu un bello spirito che ipotizzò un'elezione truccata, a favore delle quote rosa, pilotata da feromoni. Tutta una fantasia, ovviamente, ma sarebbe stato sufficiente far circolare, durante l'elezione, quel feromone attraverso l'impianto di condizionamento e, secondo lui, le candidate avrebbero ricevuto un vero diluvio di voti.

Dallo zoo al bioparco

Può capitare, visitando uno zoo, specialmente se si tratta di uno dei più moderni (e in questo caso, verosimilmente, non si chiamerà più così ma bioparco), di trovarsi di fronte a un rinoceronte che spinge un'immensa palla oppure a uno scimpanzé che s'è tutto avvolto in un candido tendaggio. Ma che succede, che stanno facendo questi prigionieri dell'ultimissima generazione? Ebbene, stanno semplicemente facendo un esercizio di «compensazione». Stanno, secondo le attese dei loro aggiornati curatori, rispondendo alla pratica del *behavioural enrichment*. Che poi sarebbe, detto con le parole di casa nostra, l'arricchimento comportamentale, ma forse, scrivendola nella lingua inglese la formula meglio s'ammanta, come per magia, di un'aura positiva d'innovazione.

La domanda è: quanto effettivamente positiva? Se dovessi esprimere un giudizio complessivo direi così: meglio che niente. Oppure: talora sufficiente, tal altra no. Cerchiamo, a ogni modo, di capire e, per far ciò, dobbiamo necessariamente partire dai nostri prigionieri, rappresentati da leoni, scimmie, pappagalli e via zoologicamente discorrendo giù giù per l'albero della vita, fino a ricordare iguane e pitoni, rane e tritoni, squali e anche invertebrati furbi e intelligenti come ormai sappiamo essere i polpi, le seppie e i calamari. Tutta gente che ha una lunga, seppure diversa, storia evolutiva alle spalle, ed è proprio questa che ci insegna le loro sofferenze. Prendiamo per esempio il leone, caso eccellente perché si tratta di un predatore sociale, e cominciamo dalla prima delle sue caratterizzazioni, quella d'essere un animale che pratica la predazione. Gli etologi lo sanno bene: se si studia l'accoppiata preda-predatore s'apprende che tanto più si raffina la strategia del predatore tanto più si raffina, parallelamente, quella antipredatoria della preda. È il fenomeno della coevoluzione, dove la preda fa la parte della selezione naturale fabbricando il leone così com'è, e lo stesso vale per il predatore, che determina, con la sua presenza e le sue azioni, le caratteristiche della preda. Ciascuno dei membri della coppia ha bisogno, per la sua salute presente e futura (delle generazioni a venire) dell'incombente presenza dell'altro, ed è proprio su questo continuo, reciproco controllo, che si basa il sano equilibrio naturale tra prede e predatori.

Cosa fa, però, un predatore prigioniero in una gabbia? Impossibile consentirgli di predare. Una volta, nello zoo tradizionale, gli sbattevano un pezzo di carne con l'osso e buonanotte; ora, se va bene, gli fanno pendere dall'alto, come avviene ai caracal dello zoo di Copenaghen, un pollo appeso a una corda elastica. Certo, un po' d'arricchimento comportamentale si realizza. L'animale si muove un po' di più, s'annoia un po' di meno, ma l'avete mai visto, in natura o in un documentario, un caracal che preda tortore selvatiche all'abbeverata? Ecco perché ho scritto meglio che niente.

Trattando del rapporto preda-predatore, in definitiva, ho circoscritto una porzione minima della straordinaria complessità di relazioni che caratterizzano la biodiversità. Una preda infatti non è condizionata, nella sua evoluzione, solo dal predatore (o dai predatori) ma da tantissime condizioni ambientali. Deve trovare il giusto cibo, il che vuol dire raffinata conoscenza della vegetazione, capacità eventuale di migrazione per trovare le risorse nei vari periodi dell'anno, e poi difesa dai cambiamenti climatici e così via. Potrei scrivere pagine esemplificando la molteplicità degli adattamenti fisici, fisiologici, infine comportamentali (perché alla fine è sempre il comportamento il mediatore tra l'organismo e l'ambiente). Insomma, ogni animale è adattato per la natura dove sono vissuti e si sono da sempre evoluti i suoi progenitori, e questo ambiente è comunque straordinariamente diverso e più ricco di quello impoverito dello zoo. Certo, con sapienza e intelligenza un po' si può arricchire anche quello, ed è ciò che si sta cercando di fare.

Ora, per tornare al nostro esempio, e cioè al leone inteso questa volta come animale sociale, ecco un altro importante dato di fatto. Un animale sociale ha subìto una coevoluzione pure all'interno della sua specie. Ogni individuo deve infatti sapere interagire con gli altri membri del suo gruppo. Aggressività, comportamenti coesivi, gioco, sessualità, cure parentali. Un gruppo ben equilibrato tutto questo deve poter fornire. Solo così un animale sociale può vivere, negli spazi che l'evoluzione ha dettato, una vita normale. Importantissima operazione d'arricchimento comportamentale (ben più di tante innovazioni fantasiose) è pertanto la costituzione in cattività, o la ricostituzione, di gruppi equilibrati. Tanti maschi, tante femmine, tanti adulti, tanti giovani. Ogni specie ha scritto, nel suo patrimonio genetico, le attese sociali che devono venire soddisfatte se si vuole contribuire, come ormai si vuole, al suo benessere.

Discorso difficile, d'accordo, e non è nemmeno finito. Un altro aspetto interessante è infatti questo: tra le specie ospitate nei giardini zoologici ce ne sono di più o meno istintive, e le possibilità di soddisfare le loro esigenze sono, nell'uno e nell'altro caso, assai diverse. Se un animale appartiene a una specie che governa grandemente il suo comportamento attraverso l'apprendimento, come avviene per esempio per le scimmie, i pappagalli o, caso estremo, per il polpo, ben più facile è fargli accettare innovazioni comportamentali utili per farlo muovere, giocare, non annoiare, perché il suo comportamento è più plastico, più disponibile all'innovazione. Più arduo è il compito, invece, se si tratta di animali molto specializzati, come per esempio i formichieri, i bradipi, gli oritteropi, gli uccelli rapaci, che hanno scritto dentro nel loro Dna, e cioè in modo assai più conservativo, le istruzioni dei loro comportamenti. In questo caso l'arricchimento deve mirare, il più possibile, alla ricostruzione del loro ambiente, o per lo meno all'offerta del maggior numero possibile degli stimoli scatenanti le loro immutabili risposte istintive.

Ultima annotazione: non tutti i possibili arricchimenti sono accettati dal pubblico. Per esempio la maggior parte dei predatori ha una fortissima tendenza istintiva, che dovrebbe venire soddisfatta, a strofinarsi negli escrementi delle prede oppure in cadaveri putrefatti, per ben funzionali motivi di mascheramento. Ebbene, quando mai questo «depauperamento comportamentale» verrà negli zoo preso in considerazione e appagato? Eppure un bioparco degno di questo nome anche questo dovrebbe fare, e non solo per il benessere dei suoi ospiti, ma per insegnare (si parla sempre di funzione didattica di queste istituzioni) come funziona – nel caso in questione – il mimetismo olfattivo.

Lo zoo, istituzione negli ultimi decenni duramente contestata, s'è subito fabbricata un eufemismo, bioparco. La parola zoo è diventata un tabù linguistico. Noi siamo animali fatti così: le parole contano, ma sarà bene che concretamente si venga ai fatti. L'uomo, come si autoconfina nelle grandi città, sente forte la curiosità, forse addirittura la necessità, degli animali selvaggi. Ma lo zoo d'una volta non ha più alcun senso. Motivi etici ed ecologici l'hanno reso inaccettabile perché superato, immorale e diseducativo. Il nuovissimo zoo, o bioparco che sia, non può accontentarsi d'un cambiamento di nome e d'una spolverata rappresentata da qualche palliativo. Tutto dovrà cambiare se vorrà sopravvivere. Funzioni, struttura e immagine. Speriamo che avvenga presto, perché non ci si può accontentare del meno peggio.

La parola mancante

Quando, tanti anni fa, frequentavo il liceo classico, non ero certo uno studente modello. Da bambino la mia passione erano gli animali; poi, in parallelo con l'allora fatidico slittamento dai pantaloni alla zuava a quelli lunghi, mi era scoppiata una salutare passione per le ragazze, non certo per la filosofia, il greco e il latino. C'era qualcosa di male, almeno etologicamente parlando? Mi pare di no, ma allora sembrava di sì.

Se scrivo tutto ciò è perché mi scappa un po' da ridere, ora che ho i capelli grigi, al pensiero che dedichi un mio scritto addirittura ad Arthur Schopenhauer. Pensate un po', un filosofo. Eppure lo faccio perché mi è capitato di leggere, sui *Manoscritti Berlinesi* (1818-1830), questa frase bella e illuminante: «Il filosofo deve avere di mira la natura, il mondo, e solo in via accessoria i libri, poiché ciò che essi offrono è sempre solo di seconda mano e per lo più già falsato, trattandosi sempre di un'immagine riflessa, imitazione di quell'originale che è il mondo – e di rado lo specchio è pulito».

Già, di rado lo specchio è pulito. Ben lo sappiamo, c'è la rosa e il nome della rosa. Io non so cosa combinino, in generale, i filosofi. Alcuni, non tutti, ovviamente, non mi sono mai piaciuti, estranei come sono alla realtà; altri ancora fatico un po' a comprenderli. So però come spendono il loro tempo certi (anche qui non tutti) miei colleghi etologi, o più genericamente zoologi o, allargando ancor più il campo, ecologi. Tante ore passate sui libri o al calcolatore, assai meno a osservare la natura. E non sanno cosa si perdono.

Non mi riferisco, a ogni modo, al piacere che si perdono. In fin dei conti sono affari loro e poi tutti i gusti sono gusti. Penso piuttosto a cosa si perdono in termini di conoscenza. Tanto per dire, attualmente sono di moda i modelli matematici. M'è capitato di imbattermi in alcuni dove un intero mondo di viventi stava racchiuso in un'unica casella, riassunto nella parola «plancton». Almeno fosse stato zooplancton e fitoplancton. Plancton *tout court*, e tanta grazia. Se penso alla quantità e diversità di specie che lo compongono, alle tante, talora opposte, strategie di sopravvivenza – basta dire che si va da esseri unicellulari a larve di pesci, e lo stesso vale per i vegetali – mi chiedo come possa, un modello così, non essere grossolano, approssimativo. Come possa non rappresentare un passo indietro, da un punto di vista conoscitivo di come effettivamente funziona la vita con tutta la sua raffinata complessità.

Ma lasciamo perdere. Vi dirò invece della sofferenza che spesso mi prende quando devo descrivere il comportamento animale. Perché descrivere significa soprattutto parlare, o scrivere. Ebbene, mi sono convinto che il linguaggio umano, per quanto concerne il comportamento, si sia culturalmente evoluto esclusivamente per descrivere il nostro. Per fare un esempio: s'è scoperto che i pipistrelli, col loro sonar, si fabbricano mappe cognitive dell'area abitata. Hanno, è stato scritto, una «visione» ultrasonora del mondo. E la parola visione l'ho messa tra virgolette di proposito, proprio per spiegare che non ne esiste una adeguata. Perciò tiriamo in ballo la vista, che non c'entra. Che possiamo fare, d'altronde, per raccontare sensazioni che non possediamo? Ma non è solo questo. Sta di fatto, comunque, che le parole un po' per volta gli animali li umanizzano, il che vuol dire che non ci aiutano a comprenderli compiutamente. E ciò avverrà sempre più se ci accontenteremo di conoscerli solo attraverso simboli verbali. Frequentarli è tutta un'altra cosa. Davvero acuto Schopenhauer, giù il cappello dunque.

Zimbelli da richiamo

Nel territorio vasto e difficilmente definibile dell'arte cosiddetta povera o minore, tra ex voto, sculture in legno di vecchi presepi e altre figurine dell'artigianato popolare, un proprio spazio meritano senz'altro gli stampi d'uccelli usati fin dai tempi più antichi come richiami di caccia. Da un bel po', purtroppo, sono fabbricati in plastica e in serie, e hanno perciò perso quel loro fascino. Se poi, talora succede, vengono ancora costruiti come una volta con sughero, erbe lacustri e latta ritagliata, lo scopo è comunque diventato un altro: venderli come oggetti da salotto, come soprammobili. Il che, si capisce, non è la stessa cosa.

Ma quegli antichi richiami erano davvero affascinanti. Erano sculture in parte terrestri in parte, anzi la maggior parte, galleggianti. All'estero ne esistono interessanti e ammirate collezioni, specialmente in Nord America. Ora però, finalmente, sappiamo qualcosa, anzi molto, anche degli stampi italiani, e ciò grazie a una collezione e a un raffinato volume di Orio e Paola Ciferri, *Sculture galleggianti/Bird Decoys of Italy* (Formagrafica Edizioni, Torino 2005). Basta sfogliare questo volume per rendersi conto della bellezza di manufatti talora primitivi, talaltra raffinati, rappresentanti anitre, pavoncelle, uccelli limicoli, folaghe e gallinelle d'acqua, tortore e colombacci, beccacce e storni. Il loro fascino non è comunque solo di natura estetica, perché in quelle peculiari sculture si nasconde un misterioso valore aggiunto. Un quid che le differenzia da tutte le altre manifestazioni d'arte popolare. Che le rende uniche perché in modo specifico significanti. I richiami, infatti, emettono segnali e messaggi per un'udienza zoologica ampia e differenziata. Così artatamente affascinano, attraggono, ingannano e manipolano una vasta e innocente famiglia non umana. Si potrebbe scrivere un piccolo trattato di zoosemeiotica interpretandone le caratteristiche.

L'arte di fabbricare richiami risale a tempi antichissimi. Nel corso di una campagna di scavi archeologici fu ritrovato, nel 1924, un gruppo di stampi d'anatidi in una caverna, la Lovelock Cave, nello stato del Nevada (USA), che risultava essere stata da sempre abitata dagli indiani Paiute. I richiami, undici, vennero scoperti in un cesto che conteneva anche trappole e mazzetti di penne. Erano costruiti con canna palustre tagliata, piegata e legata in modo da ottenere sagome realistiche di anatre. L'età attribuita era di circa 1000 anni.

C'è una parola che non ho ancora usato, ed è zimbello. Si tratta, in realtà, semplicemente di un sinonimo di richiamo o di stampo, ma per gli etologi ha un significato speciale, perché ricorda gli storici esperimenti che Niko Tinbergen s'inventò per comprendere importanti aspetti della comunicazione animale. Il becco del gabbiano reale è giallo con una macchia rossa, il ventre di un piccolo pesce, lo spinarello, ha pure, nella stagione degli amori, un segno così. Che significava quel piccolo spazio colorato? L'etologo (che anche per questa scoperta si guadagnò il Nobel per la biologia) usando appunto zimbelli dimostrò che erano quei segni a evocare istintive e specifiche risposte. Niente importava se i modelli erano costruiti con grande realismo o assolutamente rozzi. Se c'era quel dettaglio funzionavano, se non c'era no. Ebbene, se si sfoglia il volume con questo in mente, si comprende la contemporanea presenza di richiami scrupolosamente simili agli originali e, insieme, altrettanto belli, forse anche più, di altri di una rozzezza assoluta. Eppure anch'essi perfettamente funzionanti. E i fabbricanti e i cacciatori questo lo sapevano bene pur senza conoscere (o meglio non sapendo di conoscere) l'etologia.

Risultò poi che altri segnali non erano macchie ma comportamenti. È per ciò che esistono anche richiami basculanti, che simulano uccelli che si stanno nutrendo, oppure altri che, se si tira un'occulta cordicella, muovono realisticamente le ali. E a tutto ciò assistiamo affascinati, come se pure noi appartenessimo all'ingenua ornitica famiglia.

Gli animali del presepe

Secondo un'antica tradizione pare che nella notte di Natale il gallo abbia gridato: «*Christus natus est!*». E il bue abbia risposto: «*Ubi?*». E le pecore e le capre: «*Behetlem*». E il corvo: «*Quando?*». E la cornacchia: «*Hac nocte*». Infine l'asino concludendo: «*Eamus!*».

Ma quale gallo, quale asino, quali pecore e capre? E infine, quali animali selvaggi, locali ed esotici, sono tradizionalmente presenti nella sacra rappresentazione?

È una storia, in particolare quella del presepe napoletano, che insieme ci racconta di gente nostra, signori e guappi, mendicanti, contadini, macellai, canettieri e mandriani e, con uguale minuzia e precisione, di animali domestici pure nostrani, oppure di selvatici, sia autoctoni che, soprattutto, esotici. Animali spesso rappresentati per raffigurare genericamente singole specie o razze, ma talora descritti in modo più definito, individualizzato, e in questo caso si tratta di animali importanti, con tanto di nome e di storia.

Gli esotici li ritroviamo esclusivamente nella pompa del corteo dei Magi dove, accompagnato da odalische, circassi, levantini, mongoli e mori ecco il serraglio con i bardatissimi dromedari, gli orsi che ballano, le scimmie e i pappagalli addomesticati, gli incantatori di serpenti. Ma soprattutto lui, l'*alifante* vestito d'oro, e cioè il popolarissimo elefante indiano che venne offerto in dono dal Sultano a re Ferdinando IV. Il pachiderma è una presenza obbligata, una figura plasmata da tutti i «figurari» napoletani, ma che trovò in Gennaro Reale, detto Jennariello, l'artista più ispirato e il più assiduo nel rappresentarlo.

Occorre fare altri nomi di artigiani del presepe, artisti tanto abili da venire paragonati ai pittori fiamminghi, che facevano a gara, per ingraziarsi i potenti, a ritrarre i loro animali più amati. Ricorderò Francesco Gallo e Saverio Vassallo, di cui possiamo ammirare, in differenti atteggiamenti, le splendide statuette di Sornione, cane pecoraro della mandria del principe don Antonio di Borbone. Altri animali immortalati dalle statuette del presepe furono Raia, il mastino di Ferdinando IV, Bartelmy, «bastardo di qualità» della mandria del principe don Antonio di Borbone, il cavallo di Gioacchino Murat, Monacella, giovenca color cannella delle tenute reali, Cutrunella e Caruta, bufale albine della tenuta reale di Caiazzo.

Forse però la memoria naturalisticamente più preziosa che ci regala la visita ai settecenteschi e ottocenteschi presepi, napoletani e non, è rappresentata dalla dettagliata rappresentazione di antiche razze animali ora estinte o in via d'estinzione. Tante razze bovine, ovine, equine e suine, e poi cani e galline.

Quel famoso gallo, per esempio, che annunciò la nascita di Cristo, non era un gallo qualsiasi. Era caratterizzato da un bel tupè di penne a circondare la cresta e, lui e gli altri membri del pollaio, venivano detti «i polli del maltempo». Sono gli antenati delle residue galline padovane. E nel presepe scopriamo antichi molossi come il cane corso e il mastino napoletano, il cane fonnese e l'originale pastore abruzzese, foschi asinoni come quello di Martina Franca o somarelli bigi come quello dell'Amiata, primitivi bovini podolici, maiali neri cintati di bianco come gli originali suini senesi, e tante altre razze di animali domestici. Razze che la concorrenza delle moderne razze biotecnologiche ha quasi completamente spazzato via. Eppure quegli animali sono un patrimonio non solo di biodiversità genetica e di specifici adattamenti alle nostre condizioni ambientali, ma anche rappresentano la memoria residua delle nostre antiche culture pastorali e contadine. Identità locali che la globalizzazione avanzante, tutto uniformando, tende altrimenti a cancellare.

È singolare e bello che, nelle nostre aree protette, sia sempre più possibile ritrovare, ormai tutelati come fossero selvatici, gli altrettanto preziosi animali domestici locali. Tutto ciò perché non solo le tradizionali attività agricole e pastorali risultano compatibili con le esigenze della protezione della natura, ma anche perché questi allevamenti possono essere economicamente produttivi. È grazie a questa nuova strategia di protezione, che non esclude l'uomo e le sue tradizionali attività, che gli animali del presepe, forse, non scompariranno.

Dove abita il mostro

Questa volta chiamo, a recitare una parte non da poco, un vero mostro, quello di Loch Ness. E mi domando: saprà l'amabile

Nessie darmi una mano, o una zampa, forse una pinna (coi mostri non si sa mai), per spiegare, con tutto il suo mistero, un altro mistero?

Il fatto che abbia invitato proprio lei (o forse lui) è casuale. Avrei potuto coinvolgere lo Yeti o un altro personaggio della stessa compagnia di giro. Ovvero di quella gente che presumibilmente non esiste ma che continua a galleggiare se non altro come fatto di folclore. Mantenendo anche, è questo l'aspetto più curioso, una certa credibilità. Nessie, per esempio, da quando si è cominciato a parlarne non ha mai perso popolarità. Però quel mostro, potreste obiettare, è anche un fatto commerciale, un'attrazione turistica. Quanta gente andrebbe in gita tra le brume di quel *loch* se non ci fosse la leggenda? Se non si mantenesse viva la speranza di vedere un qualcosa che si muove, o una scia strana, e poter così dire: anch'io l'ho visto!

M'è capitato di studiare la documentazione su Nessie ed è per ciò che affermo, in tutta sicurezza, che non esiste. O, se mai esistesse, che non sarebbe un mostro. Un grosso pesce, al massimo. Prove concrete, in verità, proprio non ne esistono. Solo foto (in parte taroccate) dove si scorgono strane macchie, un po' di schiuma, cose così. Davvero troppo poco. Abbiamo però le testimonianze, e quelle sì che sono tante. C'è quasi una folla che dice di aver visto qualcosa. C'è stato perfino qualcuno che ha supposto la presenza di un dinosauro superstite. Qualcun altro s'è immaginato un pinnipede, cui ha addirittura affibbiato un nome scientifico. Ma basta così. A qualsiasi persona di buon senso non può che risultare evidente che, siccome nessun animale può perpetuarsi nel tempo stando solo, occorrerebbe ipotizzare l'esistenza, almeno, d'una piccola popolazione. Che sarebbe sicuramente stata identificata, che avrebbe per forza dovuto lasciare qualche traccia biologica, tanto più che il lago è stato esplorato anche in profondità. Insomma, sono convinto di non rischiare sostenendo che il mostro proprio non esiste.

Veniamo dunque all'altro mistero. Come mai, nonostante tutte queste prove negative, c'è chi insiste a crederci? E, soprattutto, perché tanta gente sostiene d'averlo visto? M'aiuta, per rispondere specie a quest'ultima domanda, un concetto etologico. C'è un fenomeno, che riguarda quasi sempre i predatori, che si chiama «costruzione dell'immagine di ricerca»: consiste nel fatto che, se un predatore si specializza nel catturare una preda, poi è in grado di percepirla anche in un ambiente dove un essere non specializzato mai la coglierebbe. Bastano pochi segni, pochi tratti emergenti, e quel predatore la vede. È come se la estraesse dal contesto, per quel poco che percepisce, completandola poi di suo. Ebbene, noi sappiamo fare altrettanto. Così, se per ipotesi andassimo speranzosi al lago provvisti di una precisa immagine culturalmente ereditata, basterebbe una macchia un po' strana, un'altra un po' più in là, e noi quel mostro potremmo perfino pensare di vederlo, perché il suo disegno si concretizzerebbe, compiutamente, nel nostro cervello. A tutti d'altronde è capitato di credere di vedere una cosa che poi, avvicinandosi, era tutt'altra.

Detto ciò, si potrebbe perfino affermare che il mostro, in un certo senso, esiste, e che l'errore sta tutto nell'habitat dove insistiamo a volerlo piazzare. Nel lago cioè, mentre la sua vera casa altro non è che il nostro teatrino mentale. Se poi i teatrini sono molti, tanto meglio. Come infatti ha scritto Iris Murdoch: «Una storia è vera se ci sono abbastanza persone disposte a crederci». La nostra specie è fatta così. Vi piaccia oppure no, ma anche questa è etologia umana.

Mamma umana di un cucciolo di cane

Qualche tempo fa ho scoperto una cosa bella. Almeno a me sembra tale e mi auguro, chissà, che piaccia anche a voi. A ogni modo ho scoperto un'analogia – spero che la parola sia giusta – tra il cucciolo umano e l'animale da compagnia, il cane specialmente.

Si tratta di questo. Gli psicologi ben conoscono il «rito di legame tra madre e neonato», la dolce interazione determinante, appunto, lo speciale attaccamento che ogni madre ha per il suo bimbo, e viceversa. Ogni mamma infatti, a qualsiasi cultura appartenga, mette in atto e ripete quel rito come fosse una sua tenera invenzione, ignara che quell'intimo piacere è, addirittura, una caratteristica della nostra specie. Si tratta, volendolo descrivere, di una cerimonia che, per la sua ridondanza, è stata detta un po' teatrale, ben diversa cioè da tutti gli altri rapporti, più neutri e pacati, che la stessa mamma ha col suo piccolo. Nello svilupparsi del «legame di rito» la madre usa invece un linguaggio caratterizzato da un tono di voce particolare, che è all'incirca di un'ottava più alto del normale. E poi il linguaggio è assai semplificato, spesso ritmato, organizzato in filastrocche e brevi melodie, ricco di parole dolcemente deformate o addirittura inventate. Del resto, chissà quante volte l'avete sentito o addirittura usato, se siete delle mamme.

Ma non è finita qui. Penetrando più a fondo nell'elaborato comportamento rituale, si scopre infatti che la parte che recita la madre un po' è istintiva ma un po' anche culturale, mentre quella del bambino, invece, è necessariamente tutta istintiva. Lui, piccolino com'è, di cultura ancora non ne ha. Quanto alla madre, a una comunicazione non verbale fatta di baci, abbracci, carezze, sorrisi e teneri contatti fisici, abbina una parte verbale che è il frutto spontaneo della sua creatività, perché le dolci paroline un po' storpiate, un po' inventate, sono sue, soltanto sue. Insomma, nonostante tutto il geneticamente determinato che c'è dentro, ogni coppia madre figlio finisce col costruirsi un rito che è soltanto suo. Personale, privilegiato e irripetibile.

E ora la mia piccola scoperta. Mi sono accorto che certe signore che i figli ormai li hanno troppo grandi, oppure che di figli non ne hanno, lo stesso rito se lo fabbricano con l'animale da compagnia. Le stesse paroline dolci e un po' storpiate, lo stesso tono, le stesse carezze e, ciò che è bello, la stessa risposta istintiva da parte del cane cucciolo, o addirittura del cane adulto. E lui, sia cucciolo che adulto, quelle coccole le capisce e ci sta. Eccome se ci sta. Assume una faccia beata, leggibile come una sorta di sorriso. Sta a pancia all'aria e offre una zampa anteriore, a volte anche una posteriore. Sventola la coda e se la gode un mondo.

Insomma, se al posto del bambino c'è un cucciolo di cane (funzionerà anche con un gatto?) non molto cambia: sempre si tratta d'un rito di legame. È, questa, una bella dimostrazione che l'animale da compagnia entra effettivamente come parte integrante nella famiglia umana. Diventa, addirittura, figlio adottivo.

Il rito di legame spostato su un animale è cosa buona oppure è riprovevole? Personalmente non ci vedo niente di male. E poi è un dato di fatto (forse sempre esistito) e non nuoce a nessuno. Forse semmai fa bene. Quanto a coloro che possono vedere in quest'atto un amore «sprecato», vorrei rassicurarli che sono proprio le stesse signore che amano tanto gli animali quelle che poi maggiormente s'impegnano nel sociale. Perché se c'è l'amore, poi c'è per tutti.

E anche in questa affettiva e casalinga rottura di confini tra specie e specie io leggo l'esaltante bellezza e – perché no? – anche l'utilità della zoologia, scienza che più di tutte io amo. Scienza che mi ha insegnato la curiosità e il rispetto, a volte anche l'amore, per la diversità. Si tratti di persone umane o nonumane.

Ringraziamenti

Questo è un ringraziamento un po' particolare perché, avendo la bella zoologia accompagnato tutta la mia vita, non può che partire da lontanissimo. Così, per cominciare, un grazie va ai miei genitori, che mi hanno trasmesso, geneticamente e culturalmente, l'amore per gli animali e per la natura. Un grazie va poi a quel bambino, si chiamava Francesco Mineri (Cecchino), che, essendo io appena sbarcato in piena campagna da Milano per colpa della guerra e dei bombardamenti, col suo esempio mi insegnò la curiosità per gli animali e i piaceri dell'allevamento. Fu il mio primo ingenuo maestro. Un altro grazie va – anche questa è storia antica – ai miei amici colombofili, prima di Soresina, provincia di Cremona (società colombofila Sol Regina, Attilio Bonferroni, Leopoldo Strumia, i fratelli Inzani), e poi di Parma (società colombofila La Rondinella, signori Conti e Sandri). A Soresina, ricordo, ci riunivamo all'osteria dell'Agnello dove discutevamo di gare e d'allevamento e barattavamo colombi viaggiatori. Son quasi certo che, col mestiere che faccio, ho imparato più là, frequentando quei sapienti colombofili, che non poi, qualche anno dopo e solo per colpa mia, frequentando il ginnasio e il liceo.

Sono così arrivato (sto percorrendo, seppure con lo stile del «saltazionista», tutta la mia vita) ai tempi anch'essi lontani dell'Università di Parma, dove ho avuto l'immensa fortuna di incontrare due maestri straordinari, Luigi L. Cavalli-Sforza e Bruno Schreiber. Devo a loro moltissimo perché arricchirono la mia passione, fino ad allora primitiva e disordinata, con la sapienza delle scienze naturali. Mi insegnarono anche, nel tempo, l'importanza di camminare in autonomia, e ho poi compreso, divenuto anch'io, modestamente, maestro, quanto questo valga. Al proposito mi rammentava sempre Schreiber che «si ripaga male un maestro se si resta per sempre suoi allievi». Difficile ma straordinariamente vero.

Ricordo inoltre, perché è la mia vera casa culturale, l'Unione Zoologica Italiana, che ho cominciato a frequentare dal 1954 e che recentemente m'ha regalato il suo più bel riconoscimento facendomi socio onorario. Grazie, cara e gloriosa UZI, ne vado fiero. E poi c'è la LIPU (Lega Italiana Protezione Uccelli), l'altra mia casa, quella in cui spendo il mio volontariato. E grazie a voi tutti, carissimi amici della LIPU: è bello darsi da fare con voi per gli uccelli e per la natura.

Quanto a *La bella zoologia* intesa come libro, ringrazio molto, anzi moltissimo, Donatella Barbieri della ALI (Agenzia Letteraria Internazionale). È Donatella che sovrintende e guida con consigli preziosi e insieme con affetto e amicizia la preparazione e la realizzazione d'ogni mia opera scritta. Come farei senza di lei? Ringrazio poi Pier Franco Uliana che, regalandomi al momento giusto il suo bel libretto di poesie in dialetto *Amor de osèi*, m'ha fatto ricordare, e quindi usare, la bellissima frase dantesca con cui questo libro si apre. Infine un grazie grande come una casa va a Benedetta Centovalli della Cairo Editore e a quanti con lei hanno partecipato alla fabbrica di questo volume. È stato bello lavorare insieme, spero che l'esperienza si ripeta.

Esistono inoltre da ringraziare (*dulcis in fundo*), molte, forse troppe, persone-non-umane. Per limitare l'elencazione scelgo di nominare rappresentanti dell'intera zoologica tribù i miei amatissimi cani. Dovrei, altrimenti, produrre un elenco tale da far quasi invidia a Carlo Linneo, quello del *Systema naturae*, perché ogni animale che ho incontrato, domestico o selvatico poco importa, m'ha sempre regalato curiosità e gioia. Ecco dunque, come promessovi, l'elenco dei cani della mia vita: Bibi, Tobia, Sahib, Bonnie, Gilda, Felice, Mimì e infine Orso, che sta dormendo, forse sognando, ai miei piedi. È l'unico ancora vivente, così per lui il mio grazie sarà qualcosa di concreto. Sarà – a lui piace così perché è un pragmatico – un ghiotto «pensierino». Smetto di scrivere (tanto ho finito) e vado a ispezionare cosa posso dargli. (Lui, intanto, ha alzato la testa e mi sta guardando: ho l'impressione che capisca tutto.)

Finito di stampare nel marzo 2008
presso Rotolito Lombarda, Pioltello (MI)